NF文庫
ノンフィクション

幻のソ連戦艦建造計画

大型戦闘艦への試行錯誤のアプローチ

瀬名堯彦

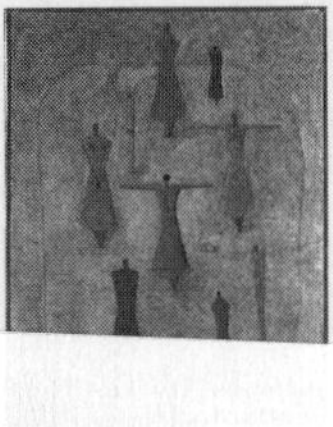

幻のアジア映画鑑賞案内

— 映画館のなかの片すみからみたアジア —

海老名功

商業界人社

幻のソ連戦艦建造計画——目次

戦艦マラート（旧ペトロパブロフスク）

戦艦オクチャブルスカヤ・レヴォルチヤ（旧ガングート）

戦艦パリスカヤ・コンムナ（セヴァストーポリ）

ソ連の大型水上戦闘艦

戦艦アルハンゲルスク（前英戦艦ロイヤル・サブリン）

戦艦ノヴォロシースク（前伊戦艦ジュリオ・チェザーレ）

原子力ミサイル巡洋艦キーロフ級（フルンゼ）

幻のソ連戦艦建造計画

——大型戦闘艦への試行錯誤のアプローチ

①　西側諸国を震撼させた怪情報

乱れ飛ぶ噂の正体は

第二次大戦は、長年海上に君臨しつづけた戦艦の時代に終焉をもたらすことになった。この大戦中、戦闘に参加した各国の戦艦と巡洋戦艦（米大巡をふくむ）は八三隻、うち戦没したのは一九隻、他に自沈などで四隻がうしなわれている。戦後に竣工したのは、陸揚げされた主砲を利用して戦時中に急造され、一九四六年に就役したイギリスのヴァンガードと、未成状態で本国を脱出し、戦後に故国へ帰って一九五〇年にようやく完成したフランスのジャン・バールの二隻だけであった。

そんなとき、戦艦にかんする奇妙な噂が世界に流れていた。ソ連海軍が新しい戦艦を建造している——というのである。それも最新兵器であるミサイル装備の戦艦を一～三隻建造中と、その情報は伝えていた。

それまでも、ソ連が戦前または戦時中に着工した未成戦艦の工事を再開したらしい、との情報もないではなかったが、ほとんど問題にはされなかった。しかし、ミサイル戦艦となれば、未成戦艦を大改装して工事再開するか、新たに設計された最新装備の戦艦を着工させる以外はあり得ない。

この情報は欧米各国海軍の注目するところとなり、新たな情報を集めているうちに、驚くべき詳細な艦容が明らかとなった。

その内容に触れる前に、第二次大戦前のソ連海軍の戦艦新造の情報を説明しておく必要がありそうだ。

ブラッセー海軍年鑑一九四〇年版は一九三九年七月十日にレニングラードのオルジョニキーゼ造船所で三万五〇〇〇トンの戦艦一隻が起工され、その後、同年中に第二艦がニコライエフで着工されたと伝え、翌年には第一艦の艦名がトレッティ・インテルナチョナルであると報じた。

当時伝えられた要目は、基準排水量三万五〇〇〇トン、長さ二五〇メートル、幅三三・五メートル、四〇・六センチ砲九門、一三センチ砲一二門、小口径砲二四門、カタパルト一基、搭載機四機、主機ギヤード・タービン、速力三〇ノットというものであった。このうち、排水量三万五〇〇〇トンというのは、ワシントン条約で定めた新造戦艦の上限排水量であり、当時新造のリットリオ級（伊）やキング・ジョージ五世級（英）、リシュリュー級（仏）、

第2次大戦後に竣工した英戦艦ヴァンガード(上)と仏戦艦ジャン・バール

ノース・カロライナ級（米）なども、すべてこの排水量で公表されていた。

しかし、戦時中この二隻が完成したかどうかは不確実で、実際は四隻であったともいわれ、艦名についてもレーニン、スターリン、クラスナヤ・ベッサラビア、ソヴィエツキー・ソユーズなどさまざまな名称がとり沙汰されていた。

大戦中、ドイツ軍がニコライエフに進攻したさい、船台で建造中の戦艦一隻があり、占領前に破壊されたという情報も伝えられ、ソ連海軍に着工済みの新戦艦があったことは推定できたが、その詳細は不明であった。当時、ソ連海軍は日本海軍とともに、新造艦艇についてはいっさい公表せず、その新戦艦についても揣摩臆測《しまおくそく》を呼んで、怪情報が乱れ飛んでいたのである。

戦後になって、ソヴィエツキー・ソユーズとかクラスナヤ・ベッサラビアなどの艦名が明らかになった。後者はドイツ軍に捕獲されたニコライエフの未成戦艦の名前であり、一九四一年八月にニコライエフの船台上で建造中の戦艦があったのは事実と確認され、ドイツ軍撮影の上空写真も公表された。

それはニコライエフのマルティ南工廠で工程六六パーセントの状態にあり、船体はほぼ組みあがり、主砲塔の配置なども明らかになったが、設計資料は入手できなかったようで、要目などは船体の調査から推定するほかはなかった。

レニングラードのオルジョニキーゼ工廠でも二隻が建造され、戦時中に工事は中断していたが、戦後、これらの工事が再開されたとの情報もあった。しかし、第二次大戦で戦艦の評価がさがったこともあり、あまり海外の注目はひかなかった。

米ソでミサイル戦艦建造

戦後、ソ連海軍は戦利艦としてイタリア戦艦ジュリオ・チェザーレを一九四八年十二月に受領してノヴォロシースクと改名、黒海艦隊で使用した。本艦は一九一五年の竣工だが、一九三〇年代に大改装をほどこして近代戦艦に生まれかわっており、在来のガングート級よりはるかに有力であった。

旧式戦艦がつぎつぎと整理されるなかで、アメリカ海軍のアイオワ級、イギリス海軍のヴァンガード、フランス海軍のリシュリュー級のような新鋭高速戦艦は第一線にあり、ソ連海軍もノヴォロシースクをもちいていた。空母をもたぬソ連海軍では、近代化改装された本艦の存在価値はきわめて高かった。

アメリカ海軍は、フィラデルフィア工廠で建造中であったアイオワ級の六番艦ケンタッキーの工事を一九四七年二月に六九・二パーセントの状態で中止していたが、一九四八年八月に工事を再開し、一九五〇年一月二十日に進水させた。戦後に未成戦艦の工事を再開して進水させためずらしい例である。

工程七三パーセントの状態で工事はふたたび中止されたが、それはミサイル戦艦として設計をあらためて工事を再開する計画と伝えられた。だから、これを知ったソ連海軍が、対抗してミサイル戦艦を新造することもあり得ぬ話ではなかったのである。

アメリカ海軍は、一九四六年二月に戦艦ミシシッピを改装して砲術練習艦兼実験艦としたが、一九五二年に後部主砲塔を撤去してテリア対空ミサイル・システムを装備し、一九五三年一月、試射に成功している。その後、一九五五年にミサイル戦艦をあらわすBBGの艦種記号も定められたが、その一号に予定されたのは、とうぜんケンタッキーであった。

だから、もしソ連がミサイル戦艦を建造すれば、米ソ間で新たな建艦競争が火花を散らす時代がくるかも知れず、この段階でケンタッキーに装備するミサイルも未定であった米海軍当局が、このニュースに衝撃をうけたであろうことは十分に予想された。

外国で計画または建造中の新艦について、誇大またはデマ情報が流れるのは珍しいことではない。しかし、このソ連ミサイル戦艦については、要目の数字とともに、やがて艦容や兵装の諸配置を示す艦型図まで流出(?)したところから、その信憑性もいっそう増すことになった。

それは、海軍年鑑から一般科学雑誌にまで掲載され、ニュースとなってひろがった。第二次大戦までは列強海軍より遅れた水準にあると思われていたソ連海軍が、世界に先駆けて最先端の技術水準をいく新装備の大型艦を建造したことに、欧米諸国は驚きを隠せず、脅威すら感じていた。

日本でこれを最初に伝えたのは『ポピュラー・サイエンス』誌（日本語版）一九五一年七月号であった。「ソ連の秘密戦艦」と題した一文は、上空より俯瞰した同艦の想像図を掲げ、次のように解説した。

「ロシアには、砲弾と同様に誘導弾（ミサイル）を発射できる新しい戦艦があるでしょうか。上の絵は、ある英国の海軍画家がソヴィエトの秘密戦艦について西欧諸国に集った噂を集めて画き上げたものです。その噂というのは、次の通りです。

この新しい型のロシアの戦艦は、バルト海および黒海で就役するため三隻の姉妹艦があります。一隻は一九三九年にレニングラードで起工された〝ソヴィエト連邦〟（ソヴィエツキー・ソユーズ）号ですが、これは建造中にドイツの爆撃を受けて破壊され、今なお未完成のはずです。しかし他の二隻はアルハンゲルで建造中のストラーナ・ソヴィエトフ号およびソヴィエツカイア・ベロルシア号で、現在はもう完成したかも知れません。

噂によりますと、この新しいソヴィエトの新戦艦は四万五〇〇〇トンで二〇万馬力を装備して最大速度は三三ないし三五ノットといわれています。その武装は、一五インチあるいは一六インチの主砲九門のほかに、海上艦艇および航空機用の五インチ砲二〇門と、小さい対航空機砲をいくらかもっています。これだけの資料で見ますと、この謎の軍艦は、アメリカ最大の戦艦、四万五〇〇〇トン、一六インチ砲装備のアイオワ級にとてもよく似ています。しかし、ロシアの軍艦は長さが短くて八六〇フィート（二六二・一メートル）、幅は広くて一三〇フィート（三九・六メートル）あり、吃水は浅くて二九フィート（八・八メートル）しかありません。

またこの軍艦は、一つのめだった特長として、丸屋根つきの誘導弾発射塔を一対もっているといわれています。これは、爆撃の範囲を拡大し、また恐らく原子爆弾まで装塡できるものと想像されます。このような装置は、まだどの国の主力艦でも試みたことのないものです。未完成のアメリカ戦艦ケンタッキーおよび重巡洋艦ハワイは、主砲の代わりに誘導弾発射装置で武装するはずでしたが、誘導弾の発達が未知数であったため、工事が中止されました。しかし、現在のアメリカの計画では、重巡洋艦を誘導弾艦に変えて、主として対航空機用に使う案が入っています」

この記事は、同誌英語版の一九五一年四月号で紹介されたものにもとづいているようだが、アメリカでは、これより先に『ポピュラー・メカニック』誌一九五〇年七月号にも同様な記事が出ていたといわれる。

ジェーン軍艦年鑑に掲載

ジェーン軍艦年鑑一九五一年版は、さらに詳細な要目と同艦の側面および上面図、完成予想図を載せて解説をした。これをもとに画いたのが別掲のイラストで、艦容などは前記『ポピュラー・サイエンス』誌のそれとよく似ているが、同誌とは前部主砲塔が二基などいくつかの相違がある。ジェーン年鑑の解説は次の通りである。

ソ連の新戦艦は三隻、第一艦ソヴィエツキー・ソユーズは完成し、ストラーナ・ソヴィエトフ、ソヴィエツカヤ・バイロロシアの二隻は建造中と推定し、第一艦は一九三八、九年に起工し四五年に進水、主機は四一年初めにドイツより購入したらしいとして、他の艦名としてスターリンスカヤ・コンスチチューツィア、ロシアを挙げ、前者は後者に改名された可能性もあるとしている。

排水量三万五〇〇〇〜三万七〇〇〇トン（満載排水量四万五〇〇〇トン）、長さ七九四・七フィート（二四二・二メートル）、幅一一九フィート（三六・三メートル）、吃水二九・五フィート（九メートル）、あるいは八五九・五×一三一・五×三二・七各フィート、一五または一六インチ砲六〜九門、五・一インチ砲一二門、三・九インチ高角砲一二門、対空機銃多数のほかに、無線操縦ロケット推進の空中魚雷（ミサイル）発射装置一〜二基を装備するとし、中央部上構前後のドーム状の塔がこれに相当する。

主機はタービン、三軸で出力は二六万四〇〇〇馬力とするも、速力の記載はなく、とうぜん三〇ノット以上の高速力が想定されよう。中央に巨大な結合煙突があり、前檣前に二基、後方に一基のレーダー管制射撃装置が見える。このデータはスウェーデン、フィンランド、ドイツから集められた情報にもとづくとしている。

軍艦情報の権威とされるジェーン年鑑に載ったことで、この情報はいよいよたしかなものと思われるようになった。

『ポピュラー・サイエンス』（日本語版）一九五二年七月号は、先の記事の続報として、戦前から軍艦研究家として知られた深谷甫氏の解説になる「ソ連の最新鋭戦艦〝ソヴィツカヤベロルシア〟」とともに、二面図を掲載した。それはおなじミサイル戦艦でも、ジェーン年鑑のそれとはことなるデザインであった。

この戦艦ソヴィツカヤベロルシアは、昨年（一九五一年）完成してバルト海にあり、排水

イラスト・小貫健太郎

ジェーン軍艦年鑑1951年版に掲載の戦艦ソヴィエツキー・ソユーズの完成予想図をもとに描く

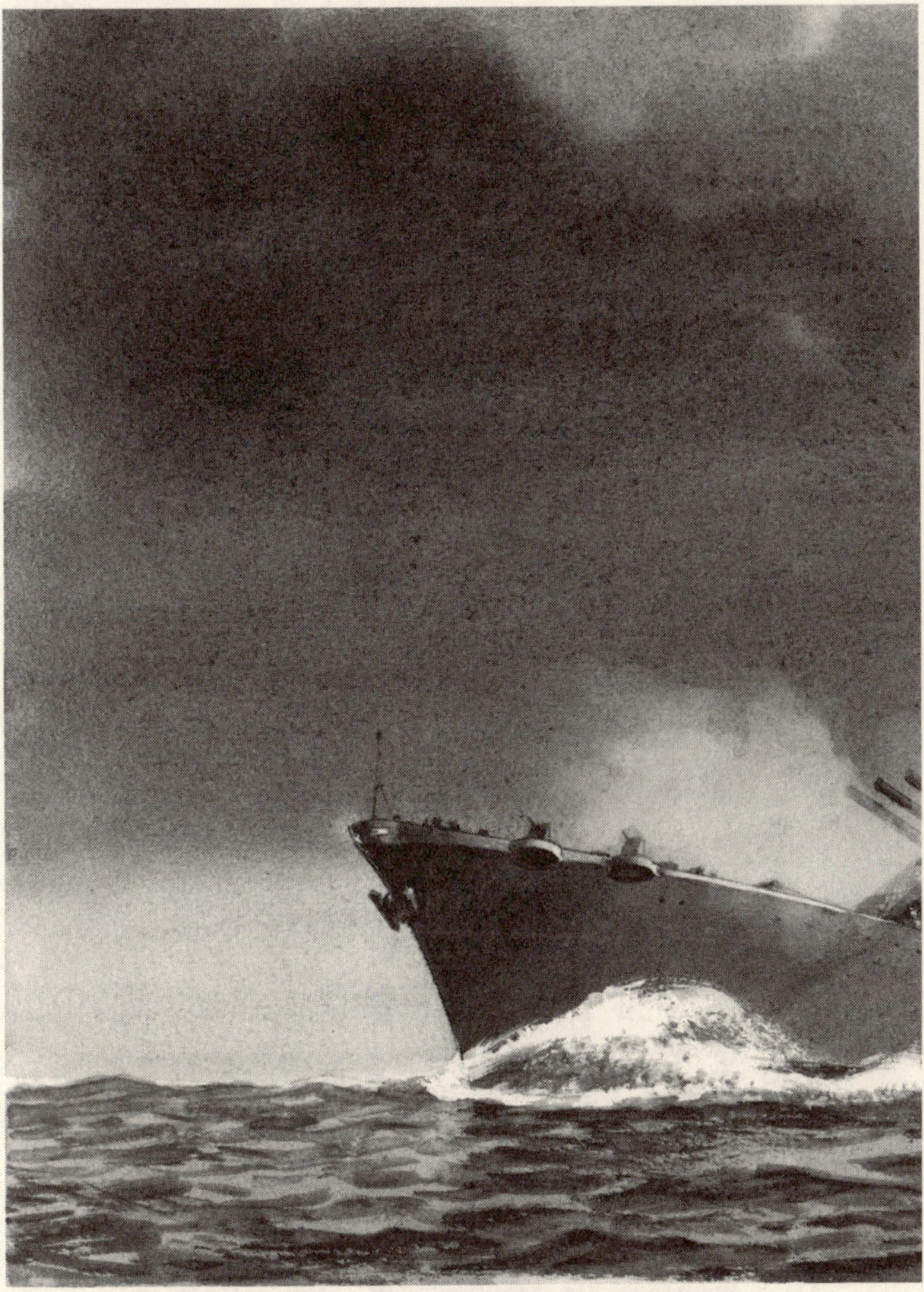

『ポピュラー・サイエンス』(日本語版)1952年7月号に深谷甫氏が、スウェーデンの雑誌に載ったものをもとに描き、それを参考に再現したミサイル戦艦〝ソヴィエツカヤベロルシア〟

量五万二五五〇トンか五万六四三八トン、長さ二七五メートル、幅三七メートル、吃水一〇メートルとジェーン年鑑よりさらに大型であった。

この記事では、本艦は昨年紹介した第一艦に次ぐ第二艦で、主砲四〇・六センチ砲は一基すくなく前後に三連装各一基となり、副砲の一五・二センチ（一説に一三センチ）砲は連装一〇基の二〇門、高角砲兼用の両用砲で、他に四五ミリ、三七ミリ、二〇ミリ機銃が計六五門、ミサイル発射装置二基、カタパルト一基、搭載機三機と航空兵装が増備されている。

防御装甲は水線四〇〇ミリ、甲板一七〇ミリ、艦底三四ミリ、測距儀塔三六五ミリ、司令塔三九〇ミリと詳細な要目が記載された。前艦ではミサイル発射装置はドーム式で、装備位置も主砲塔の後方上部であったが、本艦では回転可能なカタパルト式となり、前後二基とも上甲板の主砲塔前方に移されて、その前に弾薬庫からミサイルを運ぶ昇降台らしいものも見える。

格子型の後檣は、中央のカタパルトに搭載機を載せるクレーン支柱兼用となっているが、格納庫位置は不明。

深谷氏は、排水量の大きい割に主砲、副砲の数がすくないのは、ミサイルの搭載と発射装置のために重量と艦内設備がくわえられたためと推測し、艦型としては大戦中にドイツ海軍が計画したグロス・ドイッチェラント級（H級の新戦艦をさすらしい）によく似ており、ソ連にいるドイツ造船技術者の設計になるのではないか、と推測している。そして図面は、一九五二年二月にスウェーデンの専門誌に載ったものをもとにして作図したと注記する。

こうした細かいデータや図面まで発表され、完成まで伝えられると、これを見た多くの人は、その実在を信じ、戦後の今頃にこのように強力な大型艦を建造するソ連を、無気味な存在と感じていた。米ソの対立は深まり、朝鮮戦争のさなか、硝煙の臭いがただよう時代であった。

②　ソ連空母スターリンの行方

空母ではなく巡洋艦

ソ連の新しいミサイル戦艦として、一九五〇年代はじめに年鑑や雑誌に発表された艦型図や完成予想図は、人びとを驚かせはしたが、よく眺めてみると、おかしな点もいくつかあった。

『ポピュラー・サイエンス』誌（日本語版）の解説によれば、第一艦がソヴィエツキー・ソユーズ、第二艦がソヴィエツカヤ・ベロルシアで、ともに一九五二年までに完成したことになっているが、誌上に発表された艦型図を見ると、両者のデザインはまったくことなっている。

通常、一、二番艦は同型か、二番艦は一番艦に改正をくわえたものとなることが多いのに、両者を比較した場合、集中防御方式を採用した一番艦にたいし、二番艦はあきらかに第二次大戦型である。搭載ミサイルについても、内容は不明ながら、ドーム式の一番艦の方が、カタパルト式の二番艦より優れているように見える。

それに二番艦は、レーダーが発達し、大型水上艦では艦載水偵を廃してヘリコプターを搭載する時代なのに、旧態依然とした艦載機やカタパルト、揚収デリックなどの航空兵装を装備している。つまり、一番艦の方が二番艦より近代的であり、二番艦は大戦中の戦艦をミサイル装備に改造したように見える。

既成艦の改造ならともかく、戦後数年をへて、こんな戦艦を巨費を投じて新造するとは、常識的にはあり得ない。

誇大な新兵器情報を流して、相手国を混乱させるのは、情報戦の常套手段である。それにしても、これほど詳細なデマ情報を用意する必要があるのだろうか。その裏には、さらに秘匿したい機密があるのではないか。

架空の軍艦については、ソ連海軍には〝前科〟があった。第二次大戦前、ソ連海軍は空母一隻を保有し、二隻を建造中と伝えられた。最初の空母とされたのは、一九三九年に黒海で竣工が報じられたスターリンである。

本艦の前身は巡洋艦クラスナヤ・ベッサラビアで、帝政ロシア海軍時代にアドミラル・ナヒモフ級（七六〇〇トン、一三センチ砲一五門、速力二九・五ノット）の一艦アドミラル・コルニロフとして一九一五年にニコライエフで起工され、建造中に第一次大戦と革命を迎えて、

巡洋艦チェルヴォナヤ・ウクライナ

艦名は上記のようにあらためられたが、工事は中止となり、戦後もそのまま放置されていた。

同様な状態から、のちに工事が再開されて、一九二〇年代後期から三〇年代前期にかけて完成した僚艦に巡洋艦のチェルヴォナヤ・ウクライナやクラスニ・カフカズがある。本艦も一九三〇年代に設計を空母にあらためて工事が再開され、一九三七年十月四日に進水、一九三九年に竣工、黒海艦隊に編入したとされていた。

排水量九〇〇〇トン、搭載機二二機、速力三〇ノットで、ギヤード・タービンをそなえた米国式のアイランド型空母といわれた。

一方、新造の空母は、第三次五ヵ年計画により一九三九年にレニングラードで着工されたクラスノエ・ズナムヤで、排水量一万二〇〇〇トン（のちに二万二〇〇〇トンともいわれた）、一二・七センチ砲四門、搭載機四〇機、ギヤード・タービン駆動、速力三〇ノットの要目も伝えられた。翌年には同型艦一隻（一時、ヴォロシロフとも称された）も着工したといわれた。

この時期に、ソ連海軍がにわかに空母増強をはかった背景には、一九三五年の英独海軍協定調印により、空母建造が可能となったドイツ海軍が、翌年にグラーフ・ツェッペリン級空母二隻を起工させたことが影響していよう。

その後、一九四一年十一月にはイタリア潜水艦によるスターリンの撃沈説や、一九四五年にクラスノエ・ズナムヤの進水説も取りざたされ（本艦の建造説は戦後もつづいた）、その実在はながらく信じられていた。

スターリンについては、一九四五年ころになると、本艦はじつは空母ではなく、水上機母艦だといわれるようになり、さらに巡洋艦ではなく、商船を改造したものらしいという説まであらわれ、このころから本艦の実在性が疑問視されだした。今日では、スターリンもクラスノエ・ズナムヤもまったくの幻の空母であったことがあきらかとなっている。

スターリンの前身とされたアドミラル・コルニロフは、一九一七年十月に船台上で建造中止となり、長期間そのまま放置されていたが、一九三二年までに解体されたという。したがって、本艦の一九三七年進水はまったくありえず、本艦の解体を承知のうえで、それを実在したかのようにみせて、進水と空母改造の情報を流したものと思われる。

巡洋艦は船型的にも空母に改造しやすい艦種であり、要目のひかえ目な数字も、革命騒ぎで技術的に停滞した国の最初の空母にふさわしかった。僚艦二隻が設計をあらためて巡洋艦として竣工したことも、この情報の信憑性を増すものであったにちがいない。だから、各国ともその実在を信じ、空母スターリンの名を約一〇年にわたって海軍年鑑や公刊物に記載しつづけたのである。その結果、ソ連海軍は戦艦、空母、巡洋艦などの大型主力艦をそろえた大海軍の威信をたもつとともに、他の中小海軍とは一線を画することができたといえよう。

新空母クラスノエ・ズナムヤ（「赤旗」の意）についても同様で、ソ連海軍は一九三七年から空母二隻の建造を計画したが、けっきょく着工にはいたらず、むろん艦名は決まっていなかった。

一九三九年にまとめられた空母の原案を見ても、伝えられたクラスノエ・ズナムヤの要目とはことなっており、これも対外的に用意された架空の存在であったようである。大国としての誇りと、装備の遅れにたいする焦りが、こうした謀略情報を流させたのであろう。

トーンダウンのジェーン年鑑

一九五〇年代はじめに完成が伝えられたソ連のミサイル戦艦は、その後どうなったか。ジェーン軍艦年鑑は、一九五一年版で一番艦の竣工を推定して、その艦型図と完成予想図を掲載したが、従来のケースでは、翌年版あたりで、新鋭艦の写真により正確なデータをつけて

ジェーン軍艦年鑑1950～51年版にのったソ連のミサイル戦艦
当時はこのような艦が本当に建造中と信じられていた

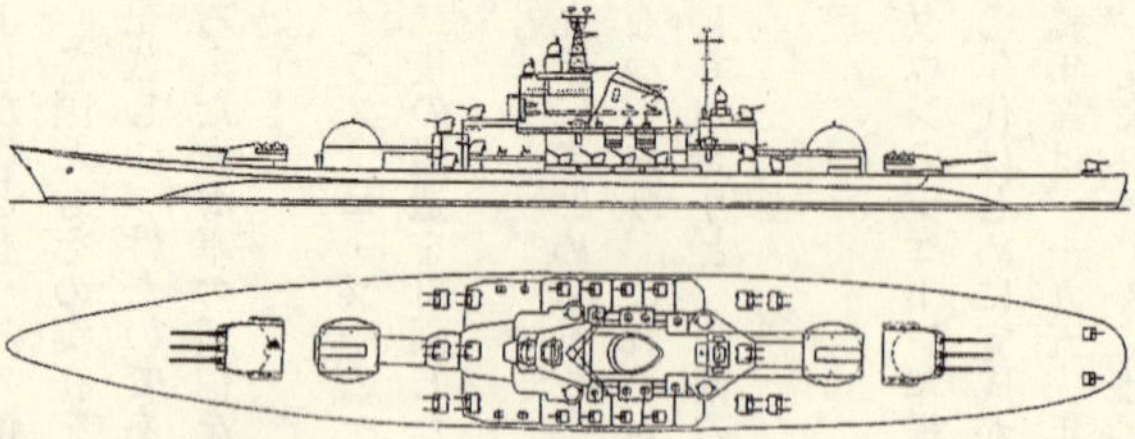

発表することがおおく、本件についても、各国の海軍関係者は、そのあたりの期待もこめて一九五二年版をひもといたことであろう。

しかし、同書の該当ページをひろげてみると、写真はおろか、五一年版にあった二面図や完成予想図も姿を消し、ソヴィエツキー・ソユーズ以下三隻の戦艦名をあげ、「一隻竣工、一隻建造中？」と疑問符を付けている。

排水量は四万二〇〇〇～四万六〇〇〇トンと増加しているが、寸法は長さ七八五フィート（二三九・三メートル）、幅一一四・七五フィート（三五・〇メートル）などいくぶん縮小し、兵装は五〇口径一六インチ砲三連装二～三基、四五口径五・五インチ砲連装一二基、四五ミリ高角砲二四門、二〇ミリ機銃四〇門と詳細になり、ミサイル発射装置二基のほかに、二一インチ魚雷発射管（水中）六基装備としているのが、アンバランスな印象をうける。

主機は前年版とかわりなく、乗員は一八七五名とノヴォロシースクの一一九八名をおおばに上回っている。ミサイル発射装置はカタパルト式で、ミサイルは無線操縦の噴進式としているが、具体的な説明はなく、すぐれたレーダー装備と対空・対潜防御がほどこされているとある。

そして、ロシア国内で強力な新戦艦一～四隻を建造中との情報がたびたびあり、上記の情報は、いくつかの情報源から得られたデータをまとめたものと注記している。

第一艦ソヴィエツキー・ソユーズは一九三八、三九年ころ起工し、一九四五年に進水、一九五〇年六月に竣工し、同年夏から公試にはいった。第二艦ストラーナ・ソヴィエトフはレニングラードで一九五〇年三月に進水したらしい。

艦型図などが消えたことについての説明はない。全体として、前年版より兵装などは詳細になったが、とくに新しい情報が増えたわけではない。

同年鑑は、ソ連海軍に戦艦三隻、巡洋艦二〇隻、駆逐艦一二〇隻、航洋潜水艦一〇〇隻新造の計画情報があると紹介する一方で、レニングラードで起工された四万トン戦艦が一九四〇年に船台上で解体された情報もある――としている。

これは戦前に起工し、戦後にミサイル戦艦として竣工を伝えられている艦が、じつは一九四〇年に解体されていた可能性もあるとして、その存在に疑問の余地があることを示しているのであろう。

その後も新戦艦は姿を見せず、これを裏づける新資料も現われないので、実在をうたがう

スヴェルドロフ級巡洋艦

声はさらに増した。そして、これといれかわるようなかたちで、新しいソ連の軍艦が西欧社会の前に姿を現わしたので、人びとの関心はそちらにそそがれることになった。

それは一九五三年六月十五日、イギリスのエリザベス女王即位を記念してスピットヘッドでもよおされた大観艦式であった。女王の観閲をうけた艦艇は、最後の戦艦ヴァンガード以下、英海軍艦艇一九七隻、英連邦艦艇一三隻にくわえて、各国の参列艦一六隻をふくむ二八一隻が九列にならんだ。

その外国の参列艦のなかに、一九五二年に竣工した新鋭のソ連巡洋艦スヴェルドロフの姿があった。基準排水量一万三六〇〇トン、六インチ砲三連装四基、一〇センチ連装砲六基等を装備、先に完成したチャパエフ級の拡大型である。

兵装的には第二次大戦型の巡洋艦で、とくに新しい特長はなかったが、大戦中の旧式なソ連艦艇を見なれた欧米海軍の人びとの目には、ソ連海軍が独力で全溶接構造の大型艦を造りあげたこと自体が驚異であった。

人びとの関心は本艦に集中し、訪英中に本艦をめぐってクラブ中佐事件なる怪事件が発生したこともあって、本艦をふくむスヴェルドロフ級に各国は注目した。それにともなって、ソ連のミサイル戦艦は忘れさられていった。

一九五四年版のジェーン軍艦年鑑では、ソ連新戦艦建造の情報はまったく見られず、巡洋艦のトップにスヴェルドロフの写真が艦型図とともに載っていた。例のソ連新戦艦は、スヴェルドロフ級を見あやまったのだろう——との意見も生まれていた。

ヴェールの中の巡洋戦艦

戦後、戦時中に建造され、あるいは計画された各国の艦艇の内容は、逐次公開されて、わが国の戦艦「大和」型をはじめ、それまで機密のヴェールにとざされていた諸艦についても、その概要を知ることができた。しかし、ソ連政府は戦後もこれをおこなわなかった。

それでも、戦後に残存したものはしだいに明らかになったが、未成または計画のみで中止となった艦艇については、いぜん謎のままであった。大戦中にソ連が建造したソヴィエツキー・ソユーズ級の戦艦も同様で、このミサイル戦艦騒動も、そうした情報機密主義が生んだ幻影のひとつでもあった。

西側に残された本級の手がかりは、戦時中にドイツ軍がウクライナを占領したさいに偵察機が撮影したマルティ南工廠で建造中のソヴィエツカヤ・ウクライナの上空写真であった。

このとき（一九四一年六月）、本艦は進水に向け約七五パーセント（推定）の状態にあった

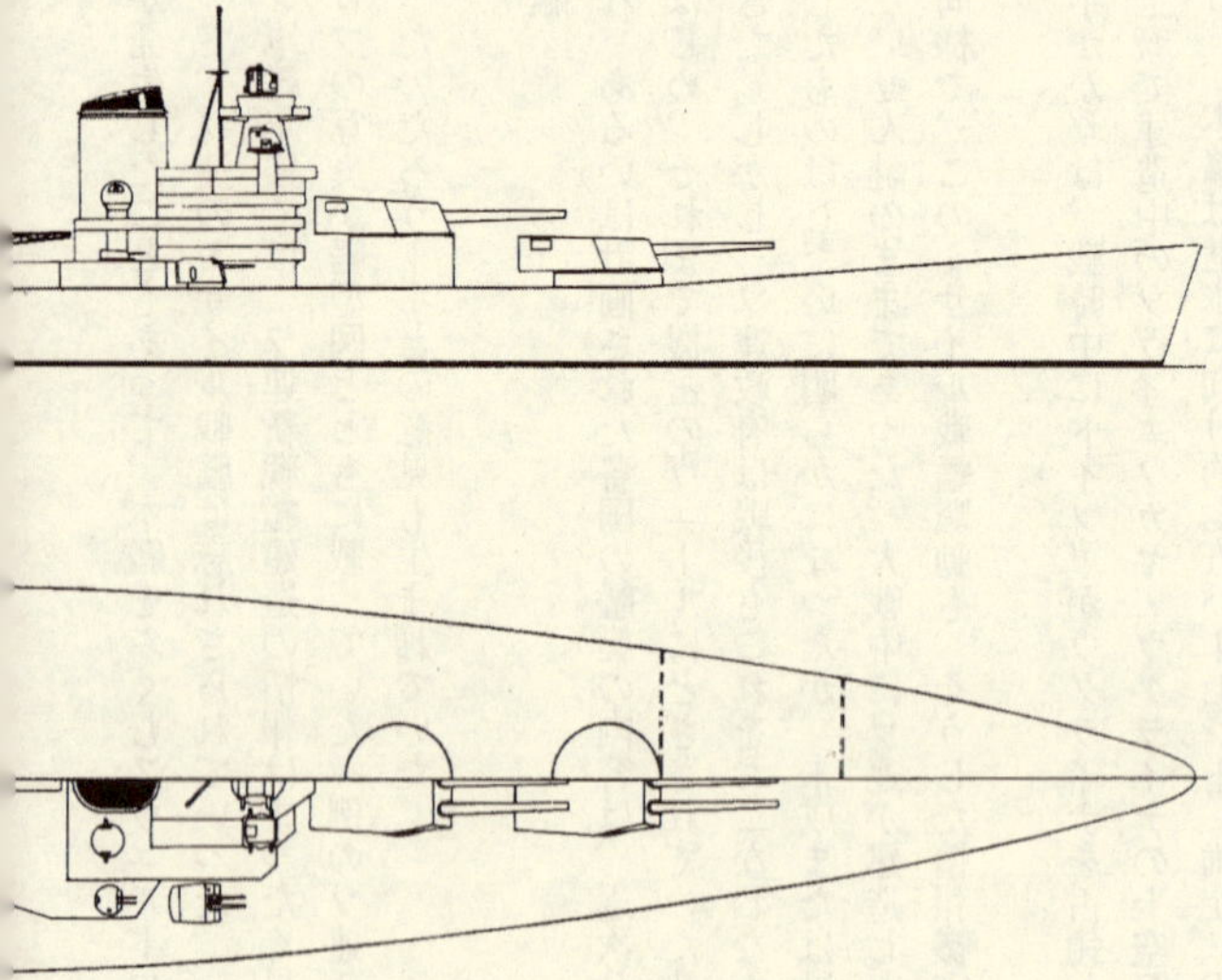

ジークフリート・ブライヤー氏が描いた
戦艦ソヴィエツキー・ソユーズの推定艦型図

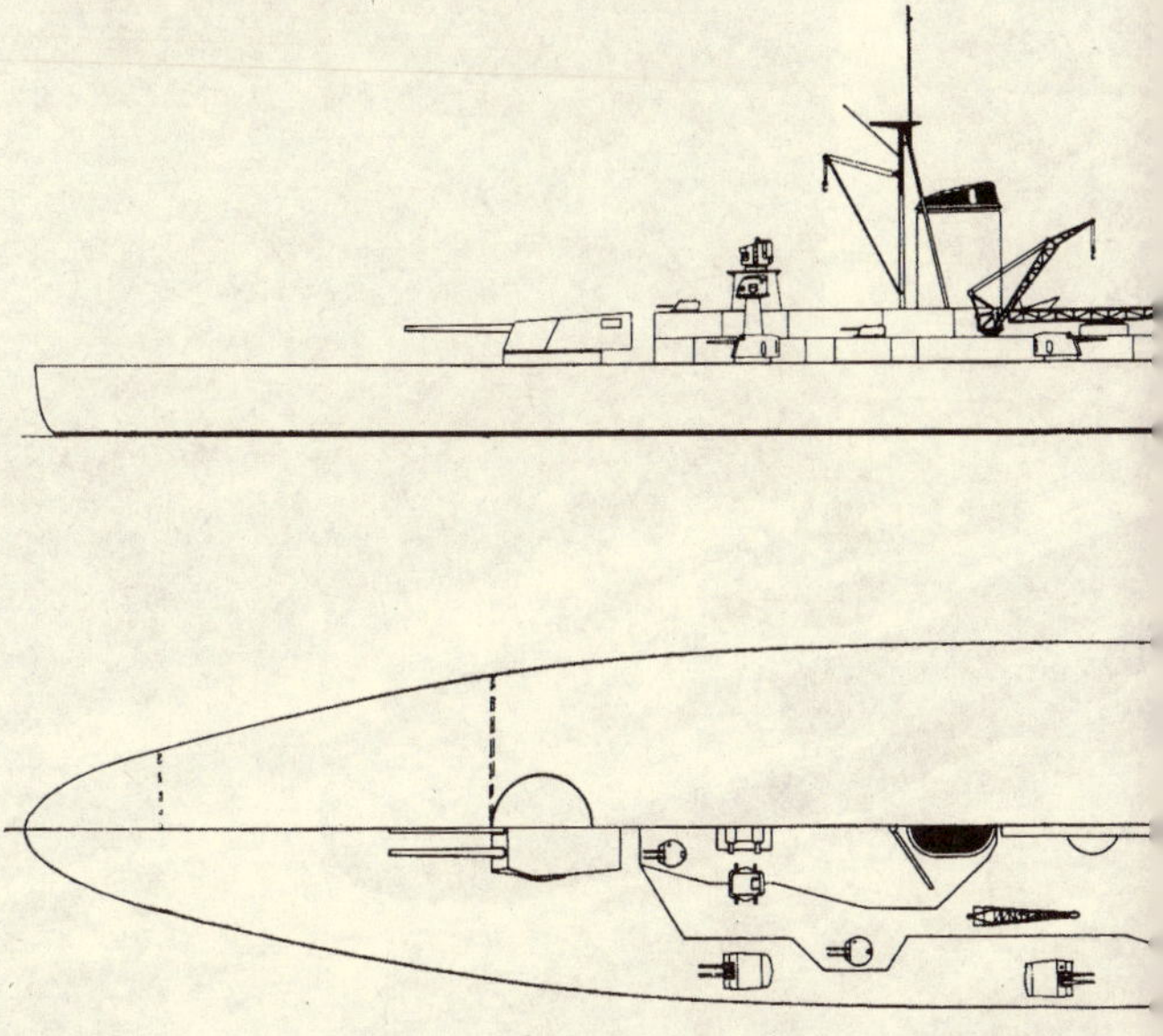

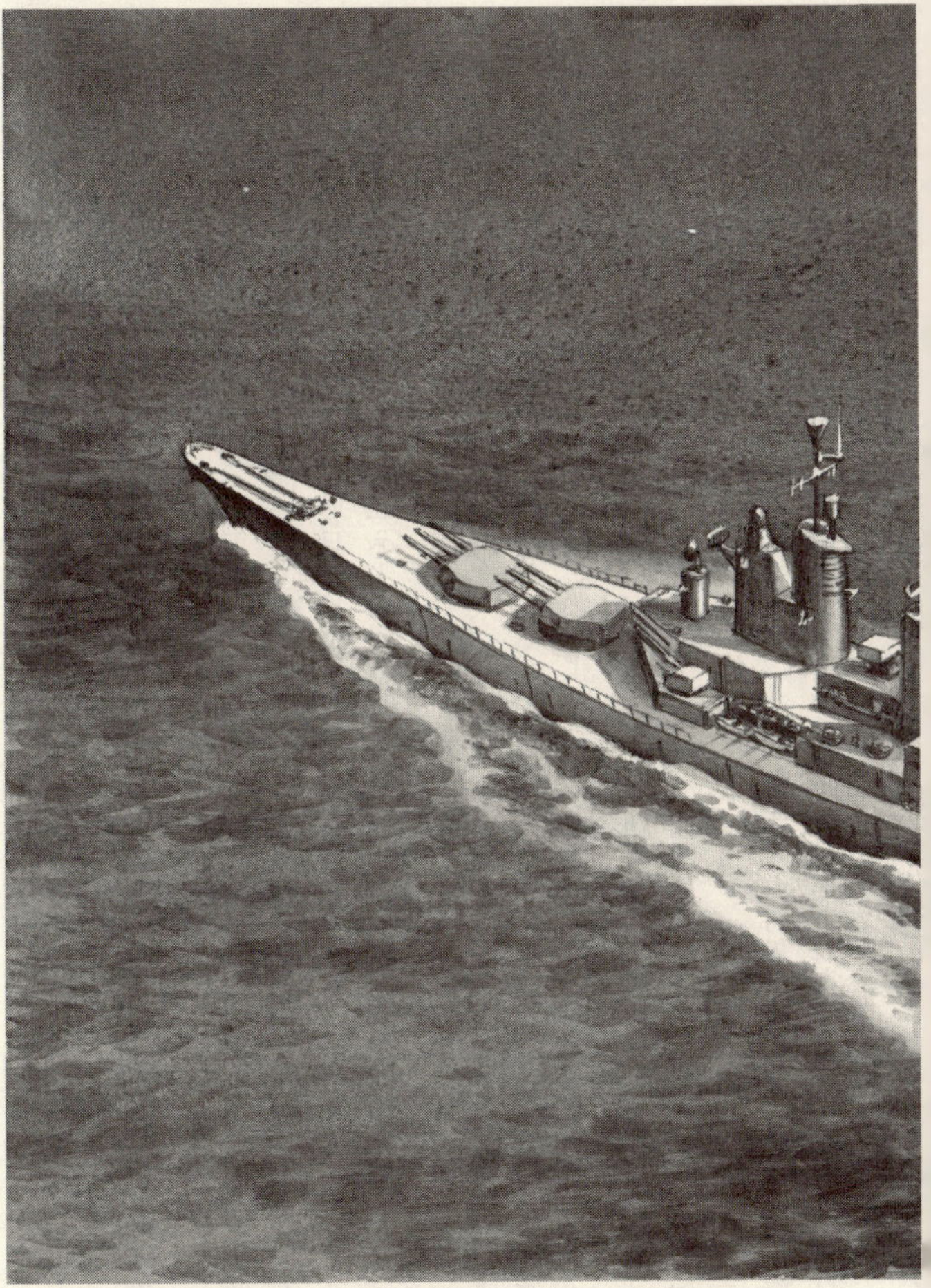

アイオワ級のミサイル戦艦改装試案のひとつ。ポラリス弾道ミサイルやタロス対空ミサイル、アスロック対潜ロケットを搭載

とされ、主砲や煙突の位置も判断できる。

ドイツの艦艇研究家ジークフリート・ブライヤー氏は、これをもとに同艦の艦容を推定して、一九七〇年にその著書『戦艦と巡洋戦艦一九〇五―一九七〇年』に、その概要図を発表した。

基準排水量は四万六〇〇〇～五万トン、一六インチ砲連装三基、一三センチ砲連装六基、カタパルト一基、搭載機三～四機、主機ターボ・エレクトリック駆動、四軸、出力一六万四〇〇〇馬力、速力三〇ノットと要目を推定した。水中防御にかんし、当時交流のあったイタリアの新戦艦ヴィットリオ・ヴェネトの資料を得て、プリエーゼ方式を採用した、としている。

本級については、一九七四年になってソ連政府がA・カレロワ氏が描いた完成予想図と主要目データをふくむ短い解説記事を公刊誌「モルスコイ・ショルニク」に発表し、その概要を知ることができたが、それまでは、このように暗中模索の時代がつづいたのであった。

アメリカの未成戦艦ケンタッキーはその後、ミサイル戦艦（BBG）に改装されることもなく保管されていたが、けっきょく一九五八年六月に除籍され、十月にバルチモアのボストン・メタル社に売却されて解体された。

なお、本艦の艦首は、僚艦ウイスコンシンが一九五六年五月にノーフォーク沖で駆逐艦と衝突して艦首を損傷したさいに切断されて、その修理に利用された。また、本艦の主機は戦闘補給艦サクラメントとカムデンに転用され、一九六四年と六六年にそれぞれ竣工している。

本艦をふくむアイオワ級戦艦のミサイル搭載については、一九五六年までにＩＲＢＭ、ポラリス、タロス、ターターなど数種のミサイル装備について、いくつかの試案が作成された。なかには砲兵装すべてを撤去して全面ミサイル装備とする大改造案もあった。ここでは、前部主砲を残し戦艦の面影を残した一案のイラストを示す。いずれも実施にはいたらなかった。

未成大巡ハワイについても、タロス、ターター装備案がつくられている。同艦も一九五八年六月に除籍され、翌年解体のため売却された。

米海軍最初のミサイル装備大型艦は、一九五五年に後部八インチ砲などを撤去してテリア対空ミサイル連装発射機二基を装備し、最初のミサイル重巡（ＣＡＧ１）となったボストン（ＣＡ69）であった。

なお、アイオワ級のニュージャージー（ＢＢ62）は一九八二年に現役復帰のさい、トマホークＳＬＣＭ四連装発射機八基、ハープーンＳＳＭ四連装発射機四基を装備して、水上打撃力を強化した。その後、残る三隻も同様に改装されたが、いずれも主砲はそのまま残されていた。

③ 帝政ロシアのド級戦艦

フルシチョフ海軍の衰退

ソ連は、一九五三年三月にスターリンが死亡すると、その後半年の集団指導体制のなかで台頭してきたフルシチョフによって、海軍戦略は大きな転換をとげることになった。

当時、スターリンが進めていたのは、均衡のとれた大海軍建設であったといわれ、例のスヴェルドロフ級巡洋艦や、スコーリー型駆逐艦、W型潜水艦などの建造は、その一環をなすものと考えられていた。

フルシチョフが採用したのは、こうした在来の大艦隊計画を破棄して、潜水艦とミサイル戦略を中心とした新しい海軍の建設であった。それはソ連海軍内部でつづけられていた、新旧二派の抗争を象徴していたのである。

ソ連海軍は常時、陸軍に優先され、大戦中も陸軍の作戦に従属するかたちの沿岸作戦を強いられ、旧式な艦艇による防衛的戦闘をよぎなくされて、屈辱の思いを抱いていたという。しかし、戦時中に英米両国から艦艇の貸与をうけ、戦後、戦勝国となったソ連は、日独伊からの賠償艦艇も得て、海軍の近代化と拡張に乗りだすことができた。

かねてより大海軍建設を夢見ていたスターリンは、一九五〇年に海軍省を独立させ、前述のような大規模な艦艇建造計画に着手したが、これは伝統的な海軍建設論者をおおいに勇気づけるものであった。

しかし、これにたいして、核兵器時代を迎え、そのような大艦隊は必要でなく、海軍はミサイルと潜水艦、沿岸基地の航空機、小型艦艇で欧米海軍に十分に対抗し得ると主張する新興戦略論者も出てきて、海軍の地位向上を望まぬ陸軍関係者も同調していた。

新しく党と政府の指導者となったフルシチョフが、新興論者の見解をとりいれたのは、大艦隊建設には莫大な経費を要するが、ミサイルや潜水艦を中心とした海軍建設の方が、経済的にも安上がりであったからだといわれる。

新しく国防相となったジューコフは陸軍元帥であり、総国防費に占める海軍予算の膨張は、海軍の独立強化とともに望むところではなかった。

ソ連の海軍拡張の動きは西欧海軍も注目しており、例のソ連新戦艦建造の情報も、そのなかから浮かんできたものであった。それなら、空母についても当然、新造の噂が流れてきそうなものだが、この方は戦艦ほど明確な情報はもたらされなかった。

のちに判明したところでは、空母の計画はあったが、スターリン自身は空母を好まず、戦前、戦後を通じて、その建造は後まわしにされた、という。

ジューコフ新国防相は一九五七年に「空母は攻撃にたいして脆弱であり第一回の打撃任務時だけが有効」と主張し、空母はアメリカやイギリスのような侵略国のみが関心をいだくものだと説いた。

これは空母不信をもたらす軍内部での強い根據となり、ソ連の空母建造を遅らせる一因をなしたと見られている。

タイフーン級ミサイル原子力潜水艦

フルシチョフは、スターリンが進めていた巡洋艦を主力とした大型艦艇の建造を中止させ、その建造を主張していたクズネツォフ海軍総司令官を解任、後任に海軍のミサイル技術導入に強い関心をもつゴルシコフ提督を任命した。

独立した海軍省は廃止され、海軍はふたたび陸軍元帥が支配する国防省の下に従属することになった。そして、スターリンが戦略的布石として、海外の外国領土にもうけた二つの海軍基地——フィンランドのポルカラと中国の旅順を自発的に放棄したのである。

それは、潜水艦とミサイルを主軸とした抑止防衛戦略へ、ソ連海軍が転換したことを示していた。

一九五六年四月に巡洋艦オルジョニキーゼに乗艦して、ブルガーニンとともにポーツマスを訪問したフルシチョフは、海軍大学で講演し、

「ミサイルの登場により、海軍の兵器体系や作戦任務は大きく変わり、戦艦や巡洋艦は海上に浮かぶ棺桶になってしまった。われわれは最新鋭巡洋艦に乗ってきたが、その兵器や技術は、すでに時代遅れのものだ。近い将来、海軍の主力兵器は潜水艦とミサイルになるだろう」

と語った。

さらに、一九五九年九月にアメリカを訪問したさいには、

「巡洋艦の九〇パーセントを削減して、潜水艦や掃海艇の建造にふり向ける」「巡洋艦は親善訪問以外は役に立たない」

とまで極言し、大型水上艦艇の無用を主張しつづけた。

もはや、戦艦や空母はいうまでもなく、巡洋艦でさえ存続が危うくなったかに思われるソ連海軍であったが、海軍総司令官となったゴルシコフは、指導者の指示にしたがって、潜水艦やミサイル装備の駆逐艦、高速艇を建造する一方で、在来艦艇の用兵価値を上層部にたく

みに説いたらしく、フルシチョフの標的とされた巡洋艦スヴェルドロフ級でさえ、一九五五年までに完成した一四隻のうち、一二隻は三〇年以上も生き延びることができた。

生き残った戦艦たちの運命

こうして、ソ連海軍の戦艦建造が完全に払拭された段階まで話を進めたところで、時間軸をまき戻し、第一次大戦が終了し、帝政ロシア海軍がソ連海軍に変貌した一九三〇年代初期の主力艦の状況をたずねることにしたい。

周知のように、日米英仏伊海軍は大戦後、一九二二年のワシントン軍縮条約により主力艦の建造を制限され、海軍休日のなか、残された既成艦の近代化や次期戦艦の準備を進めていた。

しかし、大戦で敗れ、ヴェルサイユ条約のカセに苦しんだドイツ海軍と、革命後の国内混乱で空白時代がつづき、技術的にも立ち遅れたソ連海軍は、軍縮条約とは無関係であったが、それぞれ新戦艦建造には困難な事情をかかえていた。

戦後のソ連ミサイル戦艦建造の謎とはすこし離れることになるが、ソ連戦艦の歩みの跡を、第二次大戦中の行動や、計画艦、貸与艦などをふくめてたどることにしたい。

第二次大戦では、列強各国の新戦艦が登場したが、ソ連海軍はこれにくわわることなく、第一次大戦時に建造した戦艦三隻の兵装などを、いくぶん近代化して参戦せざるを得なかった。その一方で、新しい戦艦や巡洋戦艦を求めて、ソ連海軍はいろいろと模索したことが判明している。

その熱意は、時代の花形である空母を求めるより高かった。ソ連はなぜ戦艦にそれほど執着したのか。それをたずねているうちに、ミサイル戦艦の実像も見えてくるかも知れない。

第一次大戦が終了した時、帝政ロシア海軍は七隻の戦艦を保有していた。ガングート級四隻とインペラトール・パウエル一世級二隻、インペラトリッツァ・マリーヤ級一隻である（旧式海防戦艦若干が残っていたが、省略）。

このうち、一九一〇年竣工のインペラトール・パウエル一世（一万七一二五トン、一二インチ連装砲二基、一八インチ魚雷発射管三基、速力一七・五ノット）は、一九一七年にレスプブリカと改名されたが、一九二一年に除籍され、一九二三年に解体された。

おなじく一九一〇年竣工の僚艦アンドレイ・ペルウォスワニ（要目同）は一九一九年八月にクロンシュタット港内で英CMBのS31に雷撃されて大破着底し、一九二二年には火災を生じて艦内焼失、一九二三年に解体された。

インペラトリッツア・マリーヤ（二万二六〇〇トン、一二インチ三連装砲四基、一八インチ魚雷発射管四基、速力二一ノット）はガングート級を改良したド級戦艦で、本艦は一九一五年に竣工したが、一九一六年十月二十日、セヴァストーポリで爆発事故により沈没した。

僚艦のエカテリーナ二世（二万三七八三トン、他おなじ）は、建造中の一九一五年にイン

戦艦ヴォルヤ

ペトリッツア・エカテリーナ・ヴェリカーヤと改名、同年に竣工した。一九一七年には、さらにスヴォボードナヤ・ロシアと改名したが、一九一八年六月十八日にノヴォロシースクでドイツ軍による捕獲を防ぐため、雷撃により自沈処分された。

一九一七年竣工の三番艦インペラトール・アレクサンドル三世（二万二六〇〇トン）は、竣工直前にヴォルヤと改名、一九一八年にドイツ軍に捕獲されたが、終戦によりイギリス軍管理を経て、白露軍（反革命軍）に引き渡され、一九一九年にゲネラル・アレクセーエフと再改名した。

しかし、共産政権の勝利により一九二〇年、ビゼルタに脱出してフランス官憲によって武装解除されたが、一九二四年十月まで帝政ロシア海軍の軍艦旗を掲げていた。

その後、フランス政府は同艦をソ連政府に返還しようとしたが、船体は傷み、航洋力もなく、ソ連も引き取りを断わったので、ビゼルタにながらく放置されていた。結局、フランスの手で一九三七年に解体された。

同艦は帝政ロシア海軍が完成させた最後の戦艦であったが、

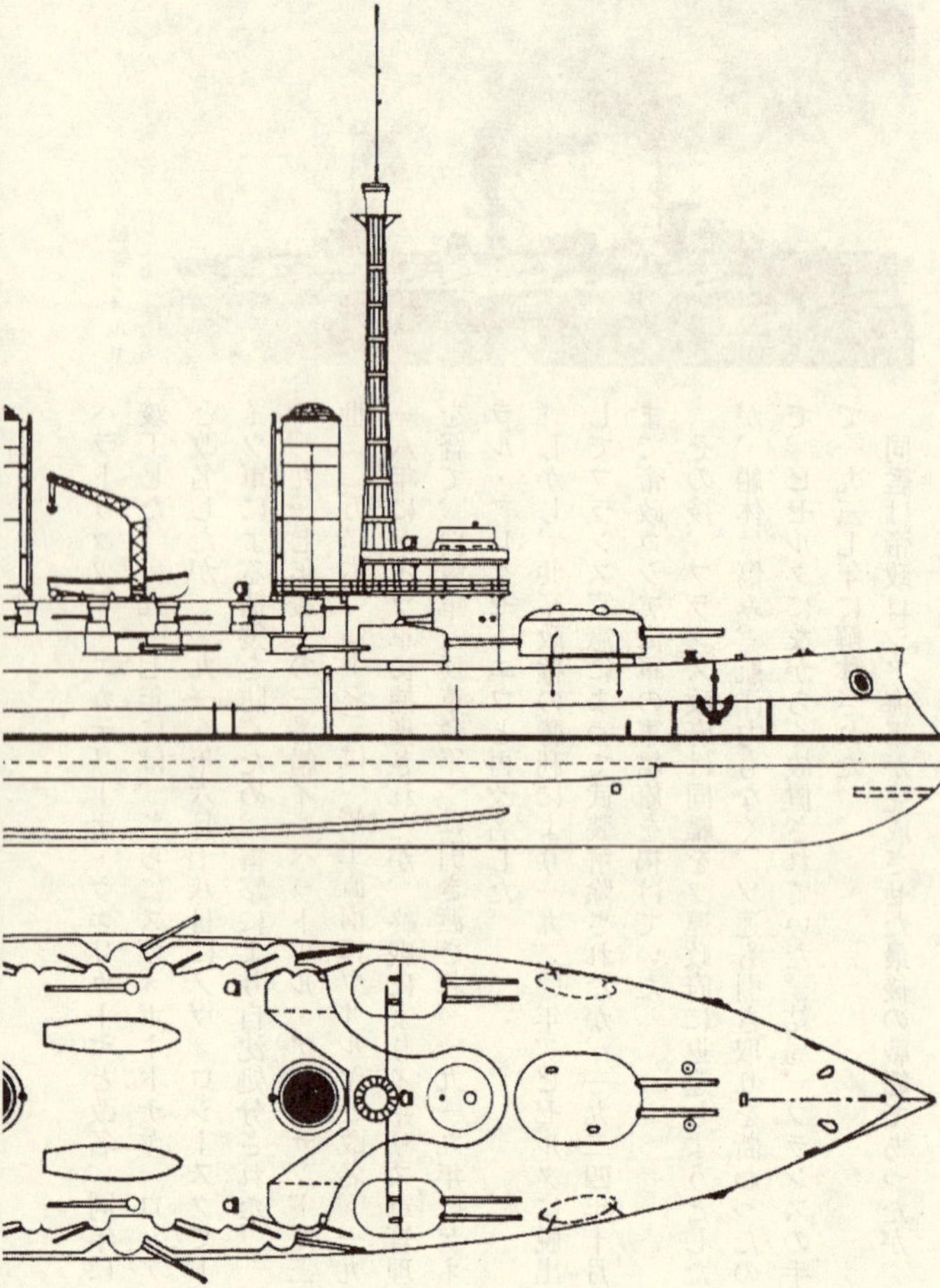

インペラトール・パウエル一世（1913年）

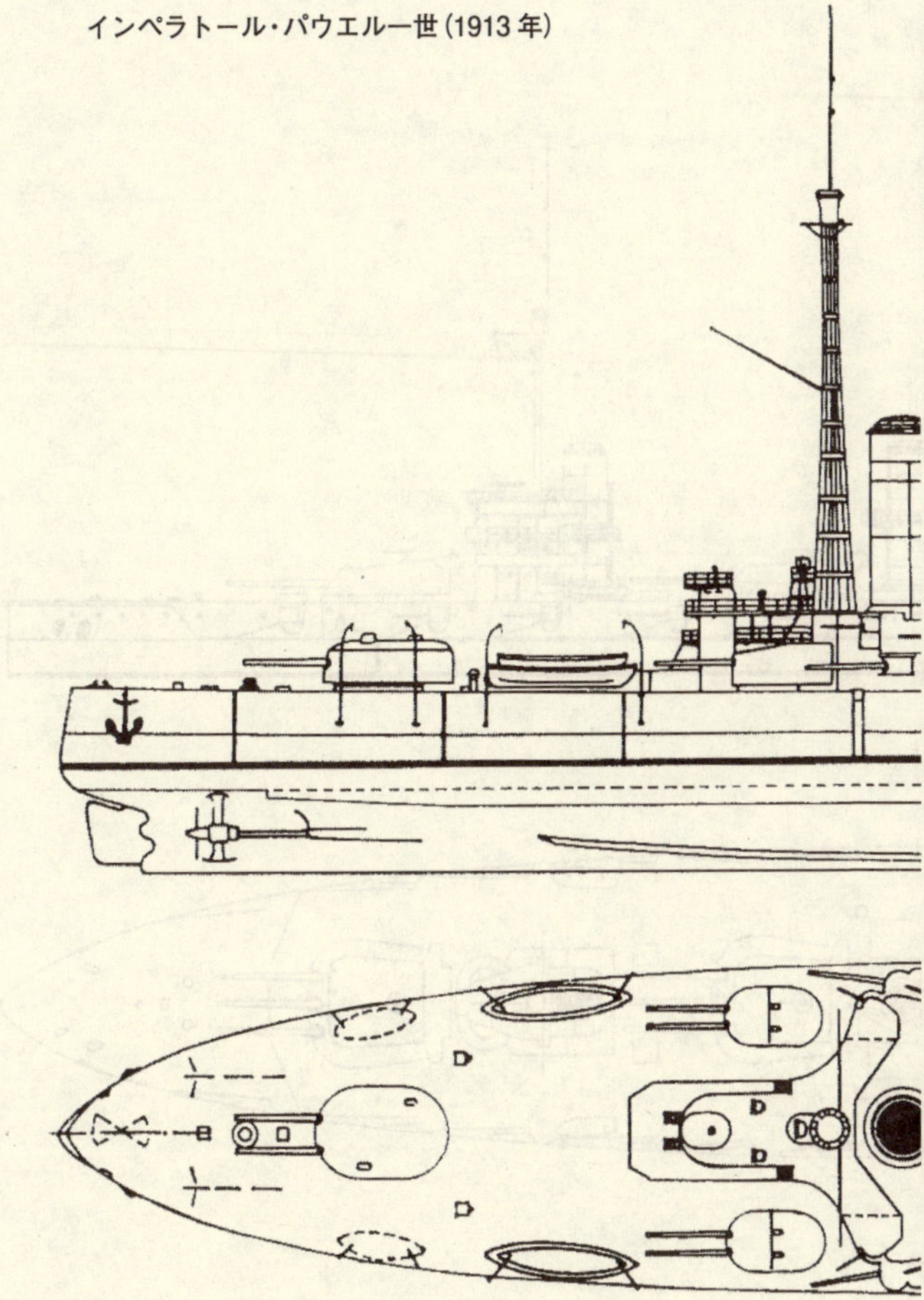

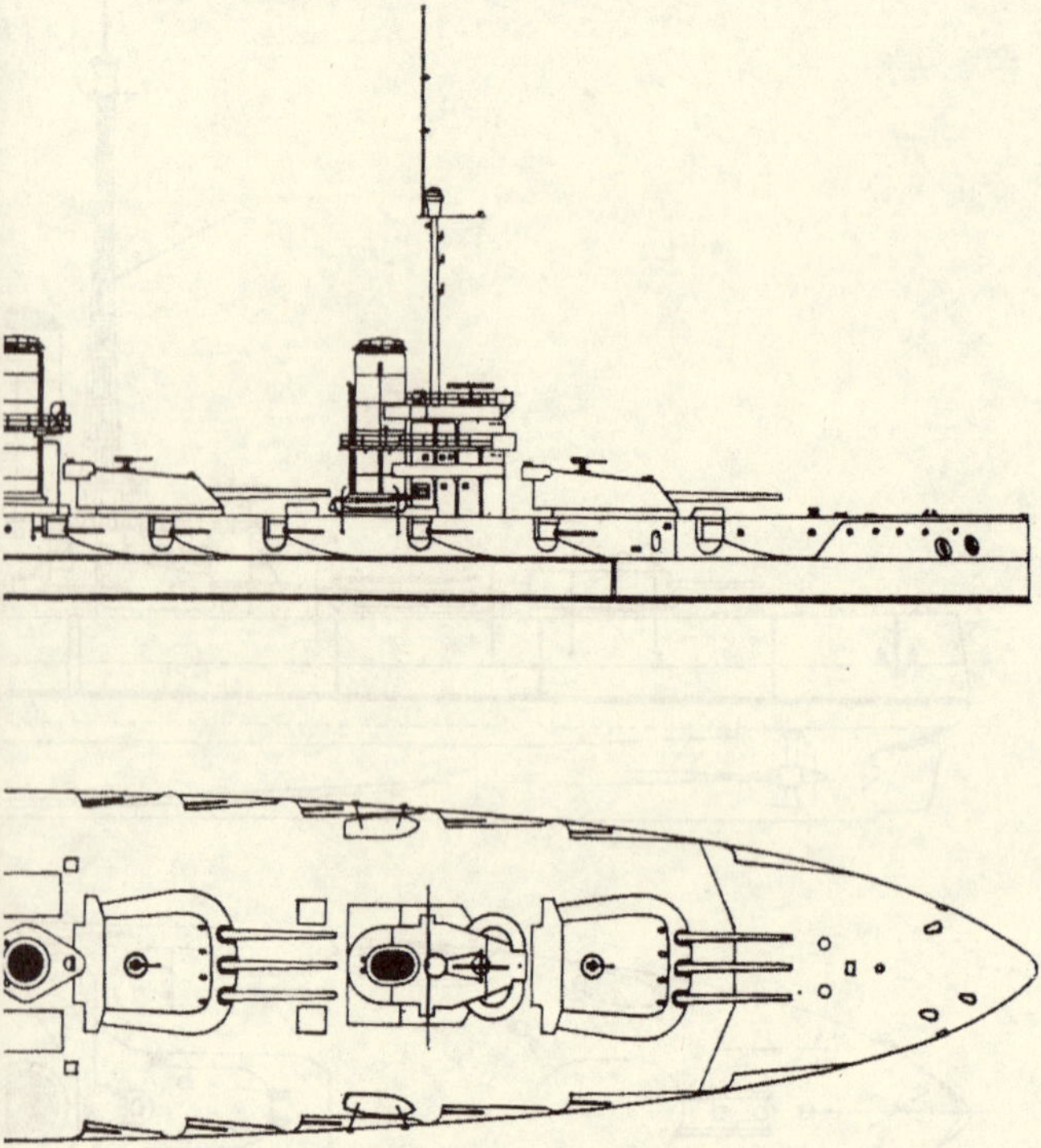

インペラトール・アレクサンドル三世(1915年)

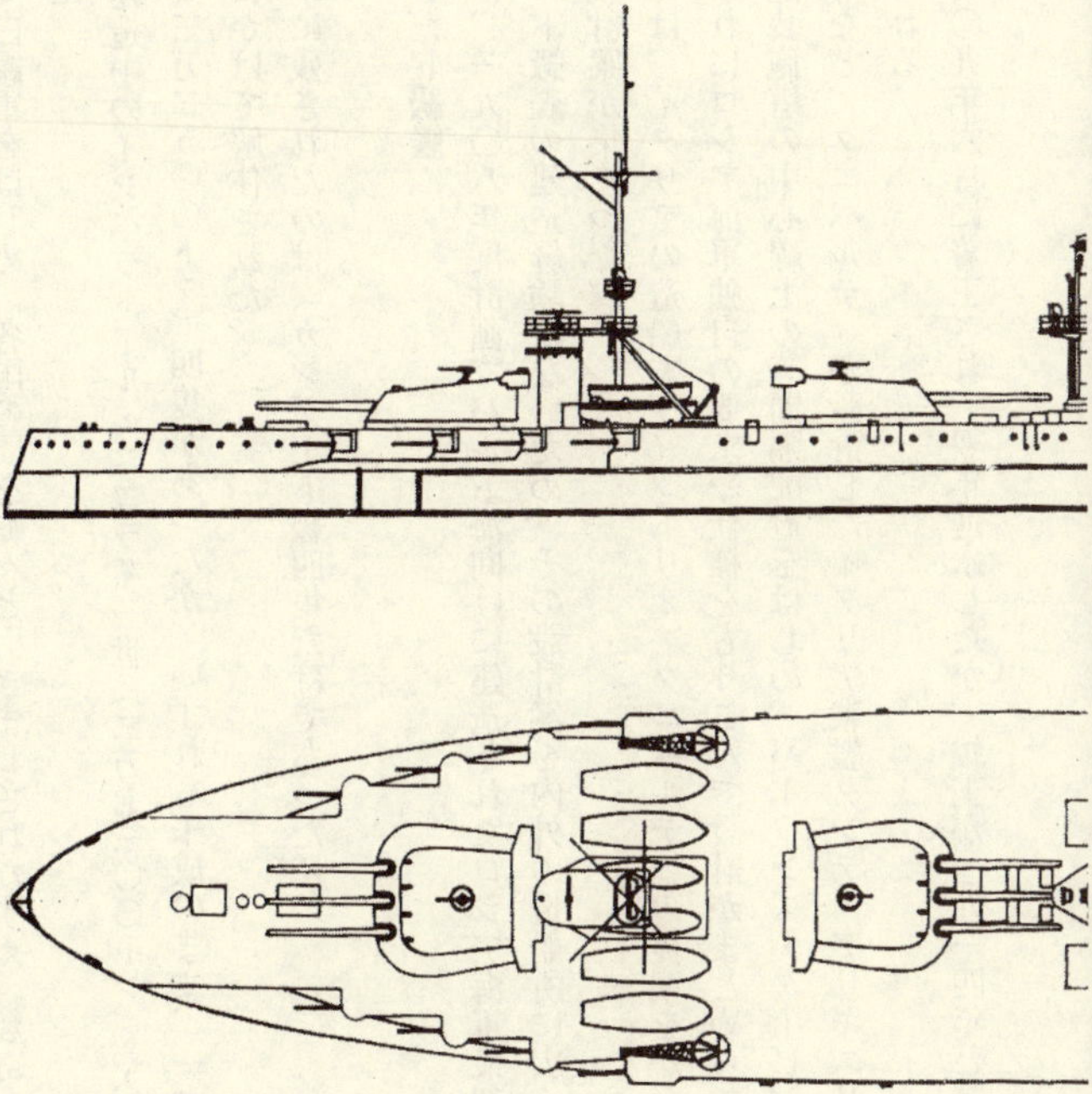

革命騒動のなかで白露軍をはじめ、各国の間を転々と引きまわされたすえ、数奇な生涯を閉じることになった。

このほかに、建造中のインペラトール・ニコライ一世（二万七三〇〇トン）や、巡洋戦艦のボロディノ級（三万二五〇〇トン）四隻があったが、いずれも未成のまま、一九二三年から一九三一年頃にかけて解体された。

結局、ソ連海軍に残されたのは、ガングート級四隻だけであった。

見捨てられていたド級艦

ガングート級は、一九〇八年度計画でバルト海向けに建造されたロシア海軍最初のド級戦艦である。当時、ド級艦の建造経験がないため、その設計案を内外の造船所に広く募集したところ、五一の設計案が集まった。

設計にさいしては、イタリアの造船監ヴィットリオ・クニベルティの提案をかなり取りいれたといわれ、これにロシア海軍独自の要求や仕様をもりこんで設計がまとめられた。

一二インチ三連装砲塔の中心線上の等間隔配置をはじめ、パーソンズ・タービンの採用による高速力の発揮など、クニベルティが設計したイタリア戦艦ダンテ・アリギエリと類似個所がおおく認められる。

本級四隻は一九〇九年六月に着工され、翌年進水したが、竣工が一九一四年と遅れたのは、

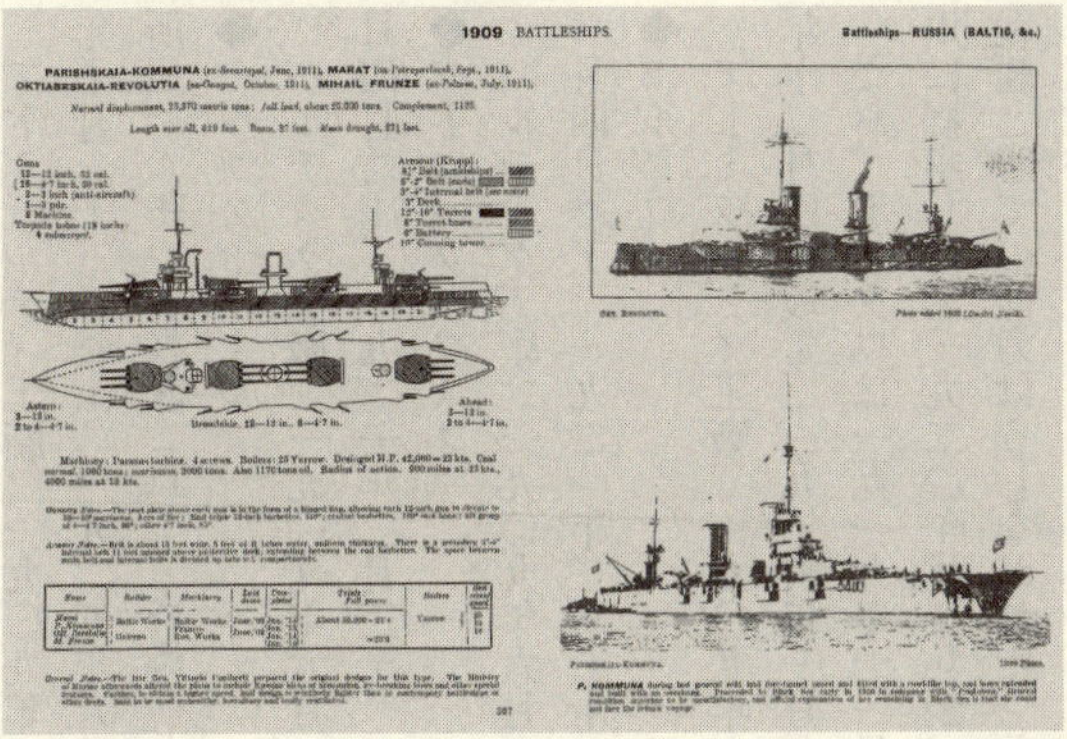

旧ガングート級を掲載した1930年版ジェーン軍艦年鑑のロシア海軍戦艦のページ

建造中に船体強度の不足や砲塔重量の過重などの不備が明らかになり、その補正に手間どったためとされている。新造時の主要目は次のとおりであった。

常備排水量二万三三七〇トン、満載排水量二万五八五〇トン、全長一八一・二メートル、最大幅二六・五七メートル、吃水八・三八メートル。

主機パーソンズ直結式タービン四基（四軸）、ヤーロー缶二五基、出力四万二〇〇〇馬力、速力二三ノット、燃料搭載量三〇〇〇トン（石炭）、一一七〇トン（重油）、航続力一六ノット―四〇〇〇海里。

装甲は水線二二九ミリ、甲板七六ミリ、砲塔二〇三ミリ、司令塔二五四ミリ。

兵装一二インチ（五二口径）砲三連装四基、四・七インチ砲一六門、四七ミリ砲四門、一八インチ魚雷発射管（水中）四門。乗員一一二六名。

◆ガングート

各艦の建造所および建造年月日は次のとおり。

アドミラルティ工廠。一九〇九年六月三日起工、一九一一年九月二十四日進水、一九二四年十月二十一日竣工。一九二五年六月二十七日オクチャブルスカヤ・レヴォルチヤと改名。所属バルチック艦隊（以下、各艦同じ）。

◆セヴァストポール

バルチック工廠。一九〇九年六月三日起工、一九一一年六月十六日進水、一九一四年十一月四日竣工。一九二一年三月三十一日パリスカヤ・コンムナと改名。

◆ペトロパブロフスク

バルチック工廠。一九〇九年六月三日起工、一九一一年八月二十七日進水、一九一四年十一月四日竣工。一九二一年三月三十一日マラートと改名。

◆ポルタワ

アドミラルティ工廠。一九〇九年六月三日起工、一九一一年六月二十七日進水、一九一四年十二月四日竣工。一九二六年一月七日フルンゼと改名。

なお、ポルタワは一九一九年十一月二十四日に火災を発生して大損害をこうむり、ネヴァ川に擱座した。一九二〇年代に兵装、装甲、機関などは僚艦の部品利用のため逐次撤去され、戦艦としての能力はうしなわれた。前記のようにフルンゼと改名したが、艦名簿上の存在にすぎなかった。

一九二八年に戦艦としての復旧工事がはじめられたが、一九三〇年代にかけて僚艦の近代化工事が優先されて進捗せず、工事は中止された。以後、部品取りののち、そのまま倉庫がわりに使用されたようで、解体されたのは戦後の一九五〇年代であったという。

ソビエト政権が誕生して数年間、ソ連海軍は荒廃状態におかれていた。一九二一年三月にはクロンシュタットで海軍の反乱が起き、その鎮圧に赤軍が乗りだすありさまで、この年の夏に航行可能な主な艦艇は、バルチック艦隊の駆逐艦六隻と潜水艦五隻だけであったといわれる。

黒海艦隊の大部分は反ボルシェビキ派の白露軍支配のもとにビゼルタへ移動し、赤色艦隊として残されたのは、六隻の沿岸潜水艦と武装した六隻の浚渫船《しゅんせつ》にすぎず、北方艦隊や太平洋艦隊に駆逐艦や潜水艦が配備されるのは、一九三〇年代からであった。

一九二七年、ソ連海軍は古い戦艦二隻を航行可能な状態に修復し、これをバルチック艦隊の主力として艦隊を再編し、最初の演習を実施した。

この演習の報告によると、「海軍にとって公海上の仮想敵国（イギリス）との砲戦は不利だが、戦艦の砲火支援による駆逐艦と潜水艦の攻撃や、戦艦の護衛のもとで機雷原の使用は有効」として、今後の発達も予測している。

この戦艦がガングート（当時はオクチャブルスカヤ・レヴォルチヤ）級の二隻であることはいうまでもない。この時、ソ連海軍は戦艦の効用価値をはじめて認めたのであった。

④　二度の五ヵ年計画

あとまわしの大型艦建造

一九二〇年代にはいり、内戦や革命の混乱もおさまると、ソ連海軍は荒廃されたかたちで放置されていた艦艇の整備に着手した。未完成艦艇の工事を再開し、新艦の整備計画もこころみられた。

しかし、広い国土を舞台に内戦を戦いぬいてきたソ連軍首脳部は、海軍の価値を認めず、「海軍は必要なし。GPU《ゲーペーウー》傘下の国境警備隊の水上部隊だけあればよい」と述べて陸軍の拡充を進めたから、艦艇整備はいっこうにはかどらなかったといわれる。

それでも海軍首脳部の努力により、第一次大戦中に進水後、放置されていたスヴェトラーナ級巡洋艦の建造が再開された。一九二七～二八年にチェルヴォナヤ・ウクライナ（六六〇〇トン）、プロフィンテルン（六八三〇トン、後にクラスニィ・クリムと改名）の二隻を完成

巡洋艦クラスニィ・クリム

させ、黒海とバルト海に配属させた。

主砲一三センチ単装砲一五門、タービン駆動で速力二九・五ノットと、型態、兵装ともに近代巡洋艦とはいえないものであったが、いちおう巡洋艦陣を維持することができた。

そのほか、この時期に第一次大戦中に未成となっていた駆逐艦と河用砲艦を、それぞれ数隻就役させている。

一九二六年には、同じくアドミラル・ラザレフも設計を改めて工事を再開し、一九三二年に竣工した。本艦はクラスニィ・カフカス（七五六〇トン）と改名され、艦首楼を延長し、主砲に一八センチ単装砲四基を装備、カタパルト一基と水偵一機を搭載した。

一九二六年以降、潜水艦、魚雷艇の新造が開始された。伝統的な戦略や古典的な制海権思想を排撃し、弁証法と革命理論からひきだされた新興派の海軍戦略は、航空機と軽快水上艦艇に支援された潜水艦は現代海軍の主要兵器であり、均衡のとれた海軍部隊はこれらの兵器で編成されるべきだ――と主張していた。

そして、レーニンの陸軍および海軍戦略の統合という構想から生まれた統合指揮の原則にもとづいて、ソ連海軍の潜水艦、水上艦艇、沿岸防衛部隊、航空機のすべては、単一計画によって陸軍と共同作戦をとることが要求された。

こうした新興理論派は、戦艦も巡洋艦も必要ではなく、潜水艦、哨戒魚雷艇、高速駆逐艦と海軍航空機だけが海軍に不可欠とした。その裏には、重工業の遅れと経済負担の軽減があったという。

もし戦艦を建造するとしても、実質的な外国の援助なしにはできなかったし、当時、戦艦一隻の建造費で駆逐艦なら二〇隻が建造できたのである。

潜水艦より戦艦が海軍の戦闘では主な攻撃を果したと軍事教科書に書いた伝統派の海軍戦略家が強い非難を浴びたのも、党や陸軍の指導者たちが、海軍建設における経済性を重視したためといわれている。

このような事情から、初期の艦艇整備計画では、潜水艦や魚雷艇の建造に重点がおかれた。

いそがれた潜水艦の充実

一九二八年から開始された第一次五ヵ年計画でも、海軍の艦艇新造については、同様な方針が受け継がれるとともに、機雷戦が重視された。

その主力をなしたのは潜水艦で、約八〇隻が建造された。L級（一〇五一トン）のような大型潜水艦も六隻建造されたが、魚雷兵装のほかに機雷（最大二〇コ）の敷設能力があった。

P級（一二〇〇トン）は長距離行動可能な航洋潜水艦として計画され、前後に一〇センチ砲を装備し、当初はSPL小型飛行艇を分解格納して搭載する予定であった。しかし、建造中に各種の欠陥があきらかになり、これらを改正しつつ建造を進めたので、起工から竣工まで五年の歳月を要し、飛行艇搭載は断念された。

主機にドイツから輸入したMANディーゼルを装備し、水上二〇ノット、水中一〇ノットの速力を出す計画であったが、実際は水上一八・八ノット、水中七・七ノットにすぎず、航洋性、航続力ともに劣るという失敗作で、建造は三隻で打ち切られ、戦時中は輸送任務に使用された。

新潜水艦の主力となったのは、中型のシチュカ級（五七八〜六一七トン）四三隻と小型のM級（一六一トン）であった。これらの増勢により、潜水艦兵力はかなり強化されることになった。

魚雷艇では、G5級（一四〜一六トン）は五三・三センチ魚雷発射管二門を装備、イタリアから輸入したイソッタ・フラスキーニ航空エンジンを改良国産化したGAM34B主機（八〇〇〜一〇〇〇馬力）を搭載して四九〜五六ノットの高速力を発揮、ソ連魚雷艇のプロトタ

革命後のソ連海軍では再建の主力として潜水艦戦力充実を優先した

イプとなった。

第二次五ヵ年計画でもひきつづき建造され、つぎつぎに改良されて約三〇〇隻が完成した。

駆逐艦は、大型嚮導タイプのレニングラード級（二一五〇トン）三隻が、第一次計画最終年の一九三二年に着工された。

本級はフランスの超駆逐艦《コントル・トルピエール》（シャガル級、ゲパール級など）の影響をうけた強兵装高速艦で、一三センチ砲五門、五三・三センチ四連装魚雷発射管二基をそなえ、機雷（六八～八四コ）敷設も可能であった。

これだけの艦となると、ソ連独力の設計はむずかしく、フランスとイタリアの造船所から技術協力をうけたといわれ、プロジェクト1というソ連海軍最初の設計番号があたえられた。

竣工したのは一九三六～三八年であったが、就役後、本級はトップヘビー気味で航洋性が悪く、備砲の一部撤去や軽量対空火器への換装が実施された。

このように一部に問題はあるものの、第一次五ヵ年計画で海軍兵力の基幹とされた潜水艦や魚雷艇では、性能的に満足できる艦をあるていど整備しえたことにより、ソ連海軍は革命後の荒廃状態から、明確な一歩を踏みだしたのである。

第一次五ヵ年計画により達成されたソ連の経済的地位の向上や、教義的にもうけいれ可能な戦略の発達により、ソ連海軍はつぎの第二次五ヵ年計画では、さらに大規模な艦艇建造に着手することができた。

第二次計画では、潜水艦の大量建造に重点がおかれ、その結果、ソ連は世界最大の潜水艦保有国となった。一九三三年から三七年までの期間に、建造を開始した各種潜水艦は一〇級一六三隻におよんだ。

一九三六年一月、国防人民委員代理のトハチェフスキー元帥は、党中央執行委員会で「われわれは強大な海軍をつくりつつあり、潜水艦部隊の発展にまず力を集中している」と報告している。

潜水艦の増勢は順調に推移していた。その年の暮れ、オルロフ海軍総司令官は連邦最高会議で「われわれが一九三三年一月現在に保有している艦隊の編成を一〇〇パーセントとすると、一九三六年末までには、七一五パーセントの潜水艦を保有するようになるだろう」と報告した。

こうした発展のかげに、政治的理由によるドイツ海軍の協力があったといわれ、MANデ

1942年夏、セベロモルスクに帰投してきたS級潜水艦。手前に見えるのは魚雷艇

イーゼルの輸出もその一つであった。

この期間に建造されたS級（八五六トン）は中型の航洋潜水艦で、一九三三〜三四年にオランダの会社で設計されたことになっているが、実態はナチスUボート復活にそなえて活動をはじめた仮装機関で、その背後にはドイツ海軍やクルップ・ゲルマニア社があった。

本級もドイツ海軍のIA型と類似した設計といわれている。二次計画で二〇隻が着工され、三次計画でもひきつづき三四隻が建造され、つぎつぎと改良型が生まれた。

K級（一四八〇トン）は一〇センチ砲二門、五三・三センチ魚雷発射管一〇門、機雷二〇コ搭載の大型航洋潜水艦で、当初は例のSPL小型飛行艇の搭載も計画されていた。二次計画で九隻、三次計画で三隻が建造された。

シチュカ級、M級、L級などのうち、小型、機雷敷設潜水艦も一次計画につづいて建造され、性能的にも安定した艦が供給されるようになった。

駆逐艦では7型とよばれたグネヴヌイ級（一六九五ト

ン）が、四八隻も大量建造された。イタリアの技術援助により、兵装、性能ともかくだんに向上し、以後に建造されるソ連駆逐艦の基本となった。

一三センチ砲四門、七・六センチ砲二門、五三・三センチ魚雷発射管三連装二基、機雷六〇コ、主機はギヤード・タービン二軸、速力三八ノットをだした。しかし就役後、主機や強度で問題を生じて改正が必要となり、7型は三〇隻で打ち切られ、設計をあらためた7U型に建造はひきつがれた。

レニングラード級をうわまわる大型嚮導駆逐艦一隻が、技術導入の目的でイタリアへ発注された。

自国建造のレニングラード級が竣工後にトラブルがつづいたため、実物を購入してレベルアップをはかろうとしたのである。これがタシュケントである。

排水量二八九三トン、一三センチ連装砲三基、五三・三センチ魚雷発射管三連装三基、機雷八〇コ搭載、主機ギヤード・タービン二軸、速力四二ノットで、さらに強兵装高速力となった。

新設計の一三センチ連装砲の製造が間にあわず、一九三九年の竣工時は未搭載で臨時に単装砲を装備し、四一年に換装された。本艦を基本として、のちにキエフ級が建造された。

英観艦式での悲しき現実

こうして駆逐艦や潜水艦陣が充実してくると、列強海軍と比較して、さらに大型の巡洋艦兵力の不足がめだつようになった。技術導入のため、西欧諸国の造船所に派遣された担当官の報告も、海軍上層部に刺激をあたえたようで、ふたたび伝統戦略派が頭をもたげはじめていた。

一九三一年一月、ムクレヴィッチ海軍総司令官は、ソ連最高軍事会議で「バルト海や黒海、極東の隣国が、巡洋戦艦から砲艦にいたるさまざまな艦艇を建造しているのにもかかわらず、われわれがいまだに巡洋艦の建造計画すらないのは大きな間違いだ」と述べた。

おなじころ、バルチック造船所の技師たちもソ連政府宛てに「軍艦建造に関連した重工業を発展させるべきだ」との報告書を送っている。ソ連政府もこれを認めて、第二次計画では巡洋艦がひさしぶりに建造されることになった。

巡洋艦についても高速が必要との判断から、これもイタリアにモデル艦を発注し、その支援をえて、同型艦を国内建造する方針であった。

しかし、イタリアから軍縮条約下、その基準を超える軍艦の建造はできず、自国海軍向けに建造中の巡洋艦や既成艦の売却も不可との回答があった。ソ連自体も外貨不足で、一隻発注するだけの予算を捻出できなかったことから、これは断念せざるをえなかった。

結局、イタリアから主機の購入と設計上の技術支援をうけることで、国内建造が決定した。

こうして建造されたのが、プロジェクト26のキーロフ級六隻である。ソ連海軍となって新設計された最初の大型戦闘艦であった。

イタリアのアンサルド社と同社建造のライモンド・モンテクッコリの設計資料や主機、補機一式をふくむ技術支援契約を結び、一九三五年に二隻が起工された。

排水量七八八〇トン、一八センチ砲三連装三基、五三・三センチ魚雷発射管三連装二基、機雷九〇コ、主機ギヤード・タービン二軸、速力三六ノット。当初、軽巡の一五・二センチ砲搭載の予定であったが、ソ連は軍縮条約には参加しておらず、在来の一五・二センチ砲は古すぎて設計しなおす必要があり、好評だったクラスニィ・カフカスの一八センチ砲を搭載することになった。

イタリア巡洋艦を基準としたので、艦上の諸配置をふくむ外容はモンテクッコリ級とよく似ている。中央にカタパルト一基を搭載したが、これはドイツのハインケル製K12型で、搭載機はKR1型水偵二機である。
一、二番艦は一九三五年に着工したが、建造中にスターリンによる粛清がはじまって、資材、人材の不足なども生じ、工事は遅れて竣工は一九三八〜四〇年となった。しかも竣工後、トラブルが続出して修理と改正工事に手間どった。
この反省から三番艦マキシム・ゴルキー以降は、設計を一部あらためたプロジェクト28bisとなった。対空兵装もいくぶん強化して、排水量は八一七七トンに増大したものの、速力は三五ノットに低下した。

後期の四隻はマキシム・ゴルキー級とよばれ、独ソ戦開始で工期は遅れ、一九四〇〜四四年の竣工となった。最後の二隻は太平洋艦隊用で、コムソモルスクにて建造された。

こうした一次、二次の五ヵ年計画と並行して、戦艦ガングート級の近代化改装工事が開始された。一九二七年の演習で、戦艦も駆逐艦や潜水艦による攻撃作戦や機雷敷設作戦時の砲火支援効果が認められたことから、戦艦も近代化改装の必要が承認されたのであろう。

軍縮条約下、各国では保有が許された戦艦の近代化改装が実施されており、それにならったものと思われる。しかし、造船をふくむ工業の回復不十分や、技術的ブランク、技術者の不足などもあって、水準的には列国より劣るものとなった。

改装期間は、マラート（旧ペトロパブロフスク）が一九二八〜三一年にレニングラードのバルチック工廠、オクチャブルスカヤ・レヴォルチヤ（旧ガングート）が一九三一〜三四年に同工廠、パリスカヤ・コンムナ（旧セヴァストーポリ）が一九三三〜三八年にセヴァストーポリのアドミラルティ工廠で、それぞれ施工されている。

改装内容は上檣の近代化、艦首の改善、機関の換装と重油専焼化、煙突の改良、兵装の刷新、カタパルトと水偵の搭載、防御力の強化などである。

マラートは、上構の近代化として、前檣楼に太い単檣を新設し、これに五層の各種指揮所を設け、直後の前部煙突の上部を後方に屈曲させた。艦首は先端部約一九メートルを一・七メートル高くし、先端をクリッパー形に改めて凌波性を向上させた。

機関の改装は、従来の混焼缶を専焼缶に改造した程度で、缶数三基の減少にとどまった。

主砲については砲身の換装が実施されたが副砲とともに門数は変わりなく、四五ミリ高角砲六門が増備されただけであった。

三番砲塔上に飛行艇の搭載が可能となったが、カタパルトは未装備である。船体防御関係は着手されなかった。

続いて実施されたオクチャブルスカヤ・レヴォルチヤの改装は、マラートに準じたものであったが、その内容は大規模なものとなった。前後の艦橋構造物は大型化し、複雑な形に構築され、前部煙突の高さも増した。後檣はやや前方に移され、三番砲塔の背後に大型の鉄骨クレーンアームが新設された。

機関部は完全に刷新され、従来の主機と缶は換装されて、新しいタービン主機と専焼缶一二基を装備した。排水量の増加にも拘らず、改造公試では二二・七ノットと新造時よりわずかの低下に止まったのは上首尾であった。

パリスカヤ・コンムナの改装は前艦のオクチャブルスカヤ・レヴォルチヤの場合とほぼ同様であるが、三番砲塔背後のクレーン形態が異なったことと、前後の艦橋上に七・六センチ高角砲が三門ずつ増備され、対空兵装が強化された点が異なっていた。また、中甲板に七六ミリ鋼板が増設され、はじめて船体防御の強化が実施されている。

主砲の装塡角度が改良されて発射速度が向上し、最大仰角も四〇度に高められて最大射程

近代改装の後、英観艦式に参列した戦艦マラート(上)と同艦の後部12インチ52口径3連装砲塔

も延伸して、攻撃力が強化されたのも本艦からであった。

本艦については、一九三九〜四〇年に再度改装され、舷側に大型のバルジが装着され、水中防御力の強化も実施された。

こうした改装により本艦の排水量は一九四〇年に三万四〇〇〇トンに増大、艦幅も三二・五メートルに達したといわれる。

改装後、マラートは一九三七年五月二十日にイギリスのスピットヘッドで開催された国王ジョージ六世即位記念観艦式に参列した。

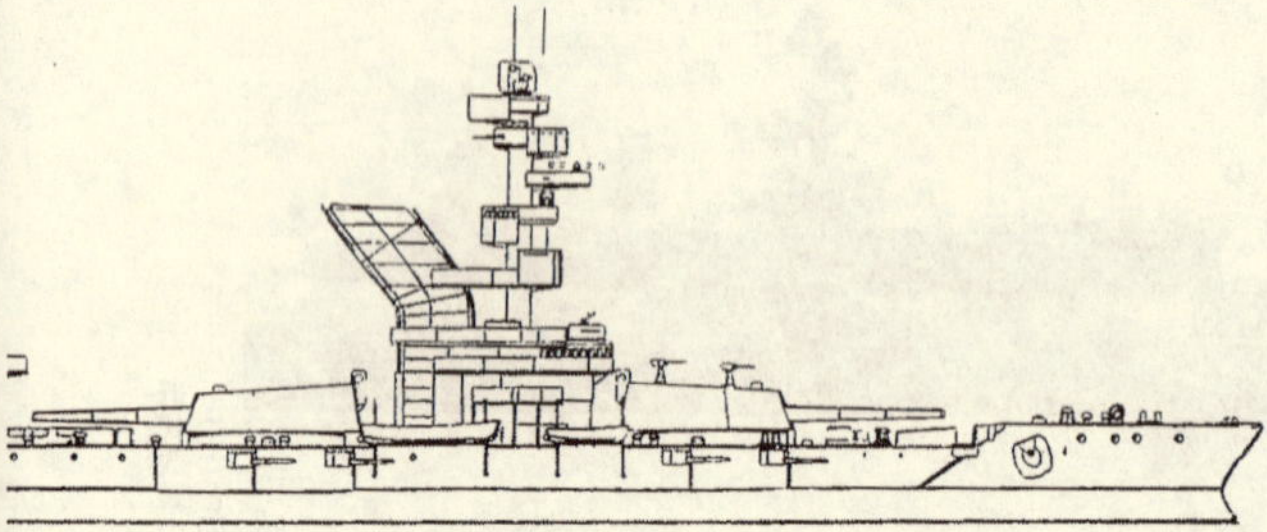

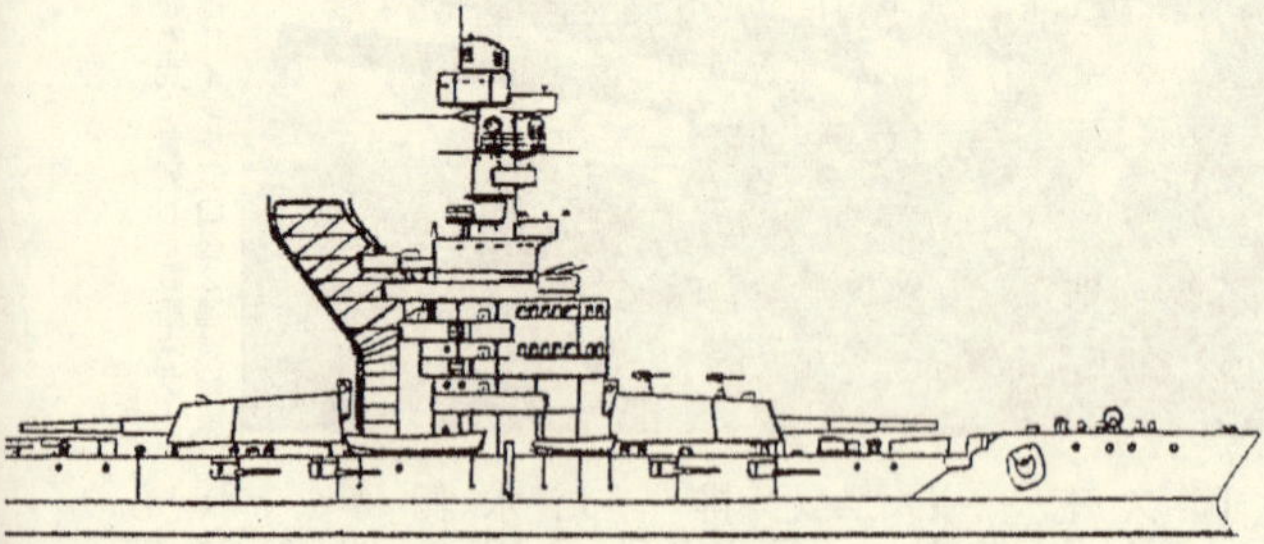

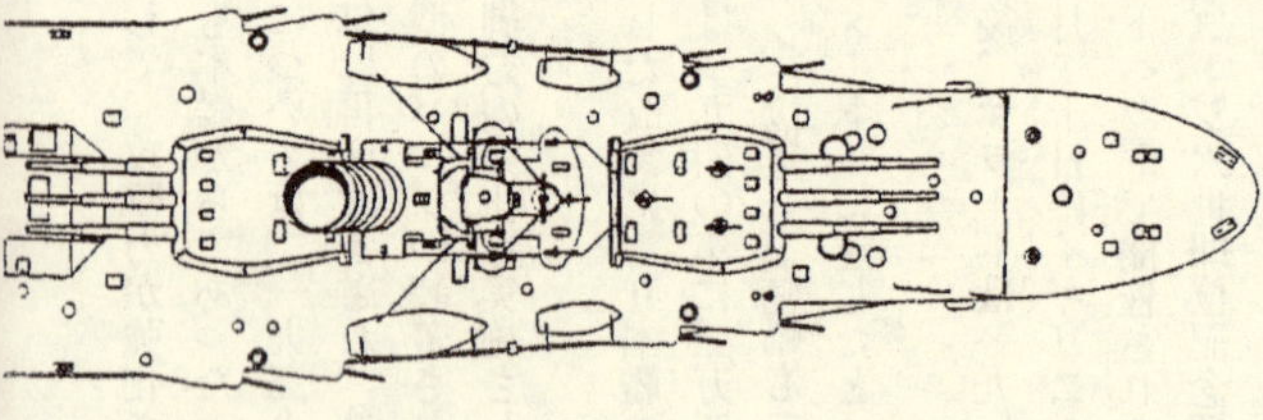

近代化改装後のマラート（1936年）

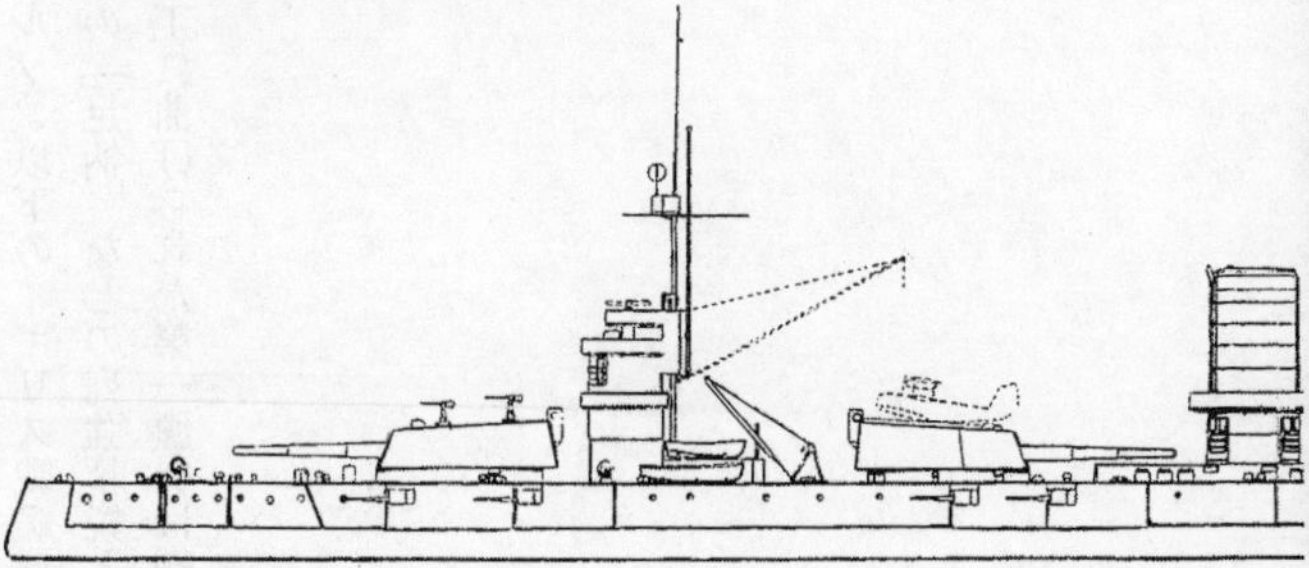

近代化改装後の
オクチャブルスカヤ・
レヴォルチヤ（1931～34年）

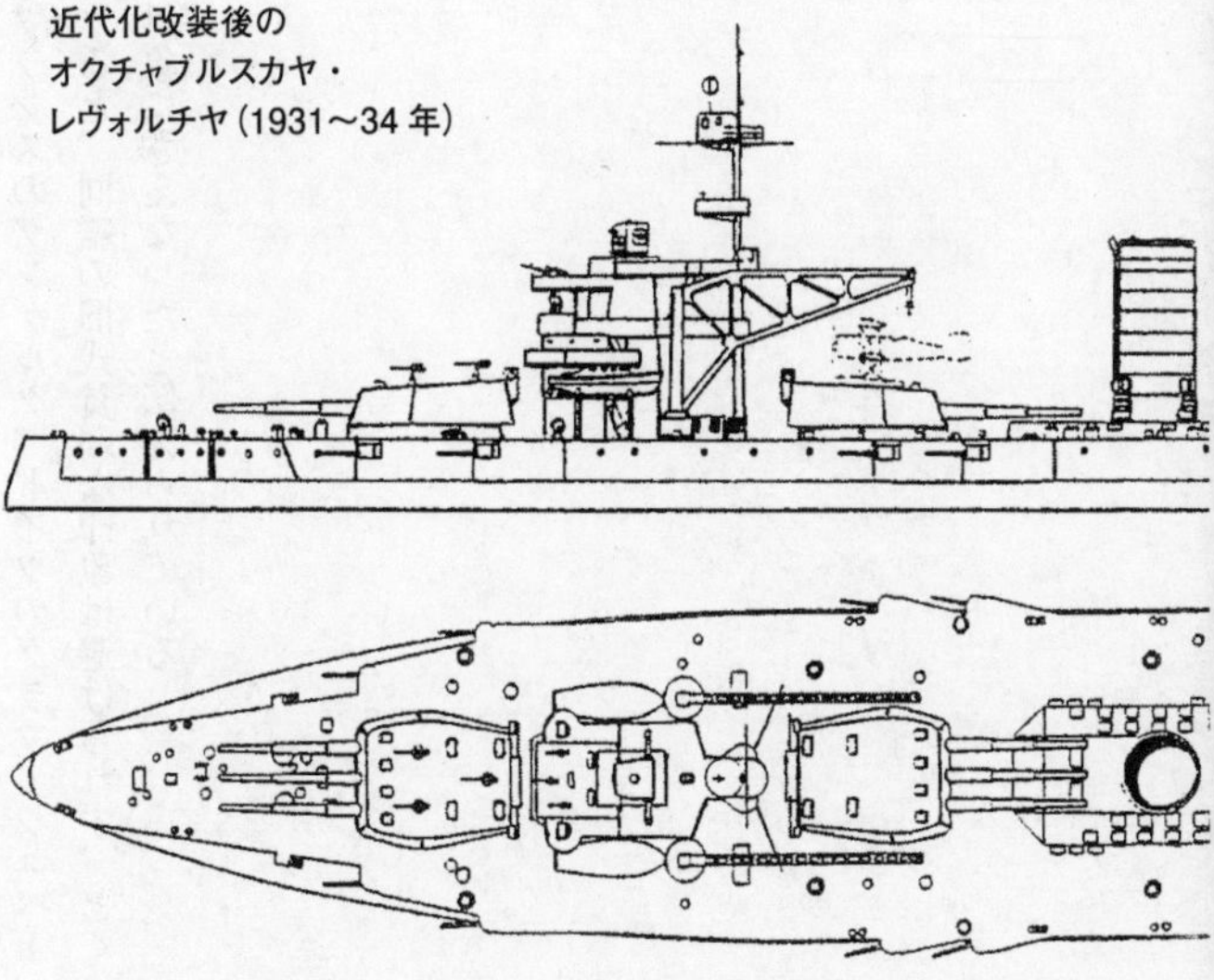

ネルソン以下のイギリス戦艦群や、フランスのダンケルク、ドイツのグラフ・シュペー、日本の「足柄」などの列強精鋭と比較すると、同艦の旧式貧弱な印象は避けられず、とくに無細工に曲げられた第一煙突は嘲笑の対象にさえなったと伝えられている。

⑤ スターリンの夢見た艦隊

第三次計画で大艦隊建設

一九三九年にはじまったソ連の第三次五ヵ年計画で、ソ連海軍は大規模な外洋艦隊の建設に着手することになった。それまで、海軍は陸軍への支援協力を主任務とされ、潜水艦、駆逐艦、魚雷艇などの中小艦艇の建造に力をそそいできたが、それらは第二次計画までで、あるていど充実させることができた。

また、砲火支援能力、艦隊指揮能力を認めて、戦艦の近代化や巡洋艦の新造も実施された。戦艦や空母のような大型艦の新造は、かつては新興理論派により否定されたはずであったが、それが第三次計画でなぜ転換したのか。そこには、スターリンの強い野望があったとされている。

スターリンは一九三四年一月の第一七回党大会で、おおくの反対を彼の個人的専制により屈服させた。その後につづいた大粛清の嵐により、一九三八年にはほぼ独裁の地位をかためたといわれ、党や軍部にも、彼の方針にさからう者はいなくなっていた。

スターリンは、この第三次五ヵ年計画で海軍建設に優位的に軍事費を投ずる決心をし、ソ連海軍を世界最大の海上兵力ではないにしても、すくなくとも主要な海軍勢力の一つにしてようと、建艦努力をはじめたのだと説明されている。

その動機は、一九三六年のスペイン内乱にソ連と独伊の義勇軍が参加したが、ソ連海軍の無力さが国際的に明らかとなったので、国際的威信を高めるためだとか、日本やドイツの海軍増強に刺激されたのだとか伝えられているが、明確ではない。

しかし、スターリンはこの時、外交または防衛戦略上から、国家威信および抑止力として、大型艦建造の必要を認めたのだといわれている。

この第三次計画の原案については、戦艦一九隻、巡洋艦一七隻、嚮導駆逐艦一八隻、駆逐艦一四五隻、潜水艦三四一隻、魚雷艇五一四隻、河用砲艦四四隻（資料により相違あり）を一九四三年までに建造するという、厖大な建艦計画であったようだ。

第二次計画までにかなり重工業が発達し、造船施設も充実してきたとはいえ、わずか五年でこれだけの艦艇建造が本当に可能であったかは、疑問といわざるを得ない。

しかし、これはすぐに修正され、承認段階では、戦艦一六隻、巡洋艦一七隻、嚮導駆逐艦一一隻、駆逐艦一〇〇隻、潜水艦約一三一隻に圧縮されたという。別な資料では、戦艦八隻、重巡洋艦一六隻、軽巡洋艦二〇隻、各種駆逐艦一四五隻、潜水艦三四四隻などが一九三六年に承認されたが、一九三八年には内容が修正された――とある。

このなかで、重巡と称するのは条約型の一万トン型ではなく、巡洋戦艦に匹敵する大型のもので、前の資料では戦艦にふくめていたのかも知れない。いずれにせよ、この段階で気づくのは、外洋艦隊と銘打ちながら、空母がまったくふくまれていないのが奇異に思われる。

当時、海軍人民委員で、一九三九年に三六歳の若さで海軍総司令官となったクズネツォフは、この改訂計画の作成に参加していなかったが、その概要を知り、あらためて自国の建造能力を調査し、一九三九年八月に、さらなる改訂建艦計画（一九四〇～四七年）をスターリンに提出した。

その内容は、戦艦六隻、空母二隻、重巡洋艦四隻、軽巡洋艦二一隻、各種駆逐艦一〇〇隻、潜水艦二〇一隻という現実的なものであった。これを見たスターリンは、戦艦の建造を最優先させるため、そのなかから空母二隻をけずった。

クズネツォフは近い将来、外国海軍では空母が主要兵器となり、航空機が海戦で決定的な役割りをはたすようになると力説したが、スターリンは聞きいれなかったという。

もっとも、戦後に出たクズネツォフの回顧録によれば、空母の建造は除外されたわけではなく、第三次計画の最後の年に延期されただけであった由で、延期理由は空母搭載機設計の複雑さにあったという。最大の理由は、スターリンの空母過小評価にあったようだ。

この大建艦計画でスターリンは、イギリス海軍を念頭において、均衡のとれた外洋艦隊《ハイシーフリート》の建設を夢見ていたようだが、なぜか空母を軽視し、重巡（巡洋戦艦）にたいし「特別な奇妙な情熱をもっていた」（クズネツォフ）といわれる。

一九三四年に二五五機しかなかった海軍の保有機は、わずか五年で一四三三機にまで増強されており、スターリンは海軍機は沿岸航空隊で十分と考えていたのかも知れない。スターリンとクズネツォフの相違は、現在と将来のいずれを重視したかにあったのだといわれている。

海軍先進国への使節派遣

当時、最大の仮想敵は、急ピッチで再建を進めるドイツ海軍であった。一九三九年初めにはシャルンホルスト級二隻を竣工させ、ビスマルク級二隻の建造に着手していた。

戦艦の建造はいそがねばならなかったが、それには造船施設をはじめ、主砲、射撃指揮装置、鋼板など近代戦艦建造に必要な技術力も、工業能力も不足しており、外国の支援をあおがねばならなかった。

新戦艦に対する海外への協力要請は、第二次計画時代から開始されていた。キーロフ級建造時に技術援助をうけたイタリアのアンサルド社に依頼して、一九三六年にUP41案という基準排水量四万二〇〇〇トン、四〇・六センチ砲三連三基、一八センチ砲三連四基、主機タービン四基（四軸）、出力一八万馬力、速力三一ノットの戦艦の設計資料を入手している。同社は当時、戦艦リットリオ（四万一三七七トン）を建造中であり、デザインや配置は同艦によく似ていたが、船体はいくぶん大型となり、兵装はさらに強化されていた。

しかし、ソ連当局はこれに満足せず、アメリカにも手をのばした。一九三七年にソ連大使は、戦艦建造についてアメリカの援助をうけたいと国務省と接触を開始し、一九三八年には、スターリン自身がアメリカ大使にこの話題をもちだして、強い要望をしめしたという。

一九三九年三月、海軍人民委員代理のイサコフ提督を団長とするソビエト海軍使節団がアメリカに派遣され、アメリカ海軍関係者とこの議題について協議をかさねた。ソ連側は、アメリカの援助で建造した戦艦は太平洋艦隊に配置し、日本海軍牽制に役立たせるからと申しでて、アメリカの歓心を買おうとしたという。

このときソ連海軍使節団と面談したリー海軍次官は、ソ連が要望している戦艦が、「海上に浮かぶどの軍艦とくらべてもほぼ二倍の大きさで、強さは半分くらいの」一艦であることを知って驚いた。

それでアメリカは、排水量三万五〇〇〇トン、一六インチ砲装備という新軍縮協定の限度以上のソ連にたいする造船援助はできない旨を言明し、ソ連側もこの条件をうけいれた。それでも戦艦建造について、アメリカの最新技術の情報を得ようとねばりつづけた。

アメリカ海軍としては、当時保有するアメリカ戦艦と同ていどの近代化までは同意可能と考えていたが、当時建造中のノース・カロライナ級以降の新戦艦についての技術情報をもらすことは不可能であった。

一九三九年六月に交渉は完全に決裂し、使節団はほとんど収穫もなく帰国せざるを得なかった。

その後も、大使による交渉はつづけられ、それ以外にもさまざまな手段を通じて、アメリカから戦艦用の装甲鋼板や主砲塔などの輸入をはかろうと、民間会社にコンタクトをおこなった。

一九三六年、ソ連政府はニューヨークに国営の輸出入会社をつくり、ここを通じて戦艦または航空戦艦の設計資料を得ようとし、一九三七、三八年にギブス・アンド・コックス社から航空戦艦三種の設計案を入手した。

それは常備排水量五万五二〇〇～六万六〇七四トン、四〇・六センチ砲一〇～一二門、または四五・七センチ砲六門、搭載機（艦上機二四～三六＋水上機四）、機関出力二〇～三〇万馬力、四～六軸、速力三一～三四ノットという内容であった。

ソ連側が当初提示した要目は、基準排水量三万五〇〇〇トン、四〇・六センチ砲六～九門、搭載機六〇、機関出力二五万馬力、速力三〇ノットであったという。航空戦艦にせよ、航空巡洋艦にせよ、こうしたハイブリッド軍艦は、通常それぞれの機能を半減させるなどして、一つの艦に両要素をもりこもうとするものである。

しかしこれは、戦艦や空母の装備をフルに残して、三万五〇〇〇トンで収めようというにひとしく、最初からむりな要望であった。

ギブス・アンド・コックス社案のうち、B案が四〇・六センチ砲一二門と艦上機三六機を装備して、基準排水量は六万一八四〇トンと要望より八割ちかく増大することになったのも当然の結果といえた。しかし、排水量の増大は問題なかったようで、これは使節団とアメリカ海軍次官の対応でも認められている。

アメリカに接触したもう一つの狙いは、空母についての資料を得ることにあったようで、前記航空戦艦にも、その一端があらわれていよう。

空母については、一九三七年から三九年にかけてソ連は、アメリカから空母にかんする最新の設計、計画、工事用図面、仕様書などを入手しようと専心努力したが、これも不成功におわっている。

これも戦艦同様、最新の空母情報をアメリカが提供することはまったく考えられず、しょせんむりな注文であった。これで第三次計画での空母建設は完全に白紙状態になった。

なお、当時アメリカのルーズベルト大統領は、ソ連の戦艦建造への協力にわりと好意的であったと伝えられているが、アメリカ海軍将校の一部には、ソ連への根強い反感があり、アメリカの造船業者にたいし、もしソ連海軍と戦艦建造契約を結べば、今後はアメリカ海軍からの発注はしないと脅迫したといわれている。

こうして戦艦建造にかんする外国の援助は期待できないことが明らかとなり、ソ連は独力で戦艦の設計と建造にたちむかうことになった。

ソ連の新戦艦計画については、海外だけでなく、ソ連国内でも、いくつかの試案が作成された。一九三五年末に艦船局が独自に基準排水量四万三〇〇〇トンから七万五〇〇〇トンまでの六種のラフプランを作成し、これが叩き台となって検討が重ねられた。

主砲は四〇センチ砲八門から四五センチ砲一二門に至る数値が並べられたが、副砲は一三センチ砲一二門、高角砲は四五ミリ一六門、防御は主甲帯三八〇ミリ、甲板五〇〜一五〇ミリ、機関出力一四万馬力、速力二六〜二八・五ノット、航続力五〇〇〇海里とほぼ統一されていた。海外案と比較すると、防御や速力が劣るようで、自国の技術水準を配慮したのかも知れない。

これに対し、科学研究所がまとめた太平洋艦隊向けの「プロジェクト23」に対する基本要求性能は、基準排水量五万五〇〇〇トン、四六センチ砲九門、一三センチ両用砲三二門、三七ミリ機銃二四門、一三ミリ機銃二四門、主甲帯四五〇ミリ、甲板二〇〇ミリ、速力三六ノット、航続力一五ノット—一万五〇〇〇海里という、高水準な内容であった。将来的には五〇センチ砲の採用も考慮するという、理想的ではあるが、やや楽観的で、艦船局案とは対照的であった。

検討を重ねるうちに基準排水量は四万トン台まで落ちたが、艦型は増大し始め、一九三六～三七年に艦船局とバルチック工廠のデザイン案が並行して制作され、一九三七年十月に両者の新戦艦案が比較検討された。基準排水量四万四〇〇〇～五〇〇〇〇トン、主砲四〇センチ砲三連装三基、副砲一五センチ砲連装六基、高角砲一〇センチ砲連装六基、航空兵装、防御などもほぼ同等であり、機関配置も両者とも三軸で、缶室、機械室のシフト配置を採用していた。速力三〇ノットで機関出力は一八～二〇万馬力に達し、技術的にも高度の内容を必要としていた。

航空兵装は、艦船局案は中央部両舷にカタパルトと格納庫（水偵各一機）を配置、工廠案は艦尾後部主砲塔の後端両舷に格納庫、艦尾両舷にカタパルトを設けている。

この両案をまとめた「プロジェクト24」最終案は一九三八年一月にスターリンに承認された。計画では、四隻を一九三八年に起工し、翌年に進水、一九四一年に竣工の予定であった。二十数年ぶりに新戦艦建造のスタートが切られた。

のちにソヴィエツキー・ソユーズ級とよばれた本級の主要目は、次のとおりであった。

基準排水量五万九一五〇トン、満載排水量六万五一五〇トン、全長二六九・四メートル、最大幅三八・九メートル、最大吃水一〇・四メートル。

主機ブラウン・ボフェリー式ギヤード・タービン三基（三軸）、三胴缶六基、出力二一万

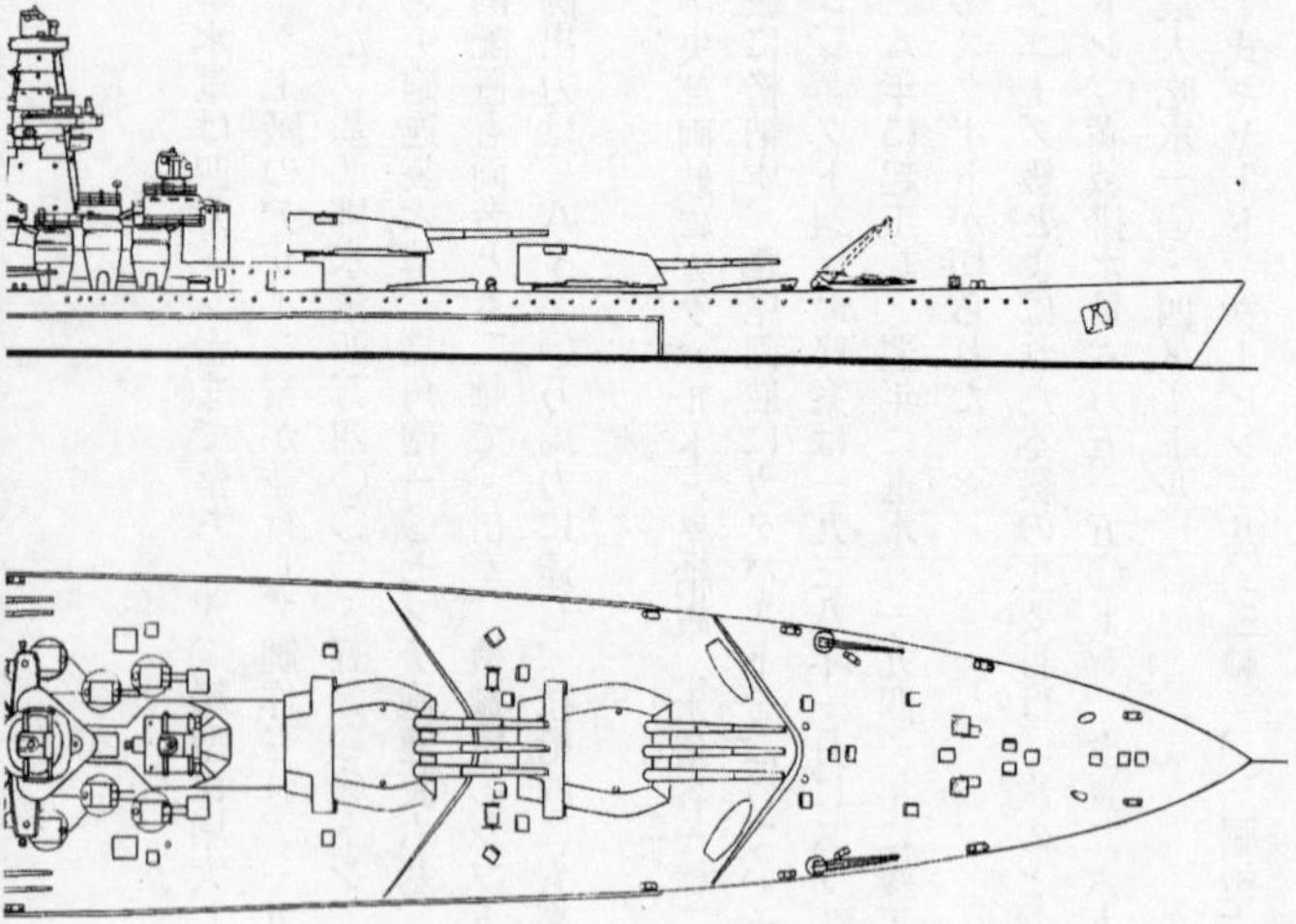

「プロジェクト23」ソヴィエツキー・ソユーズ級戦艦
艦型図（1940年頃）

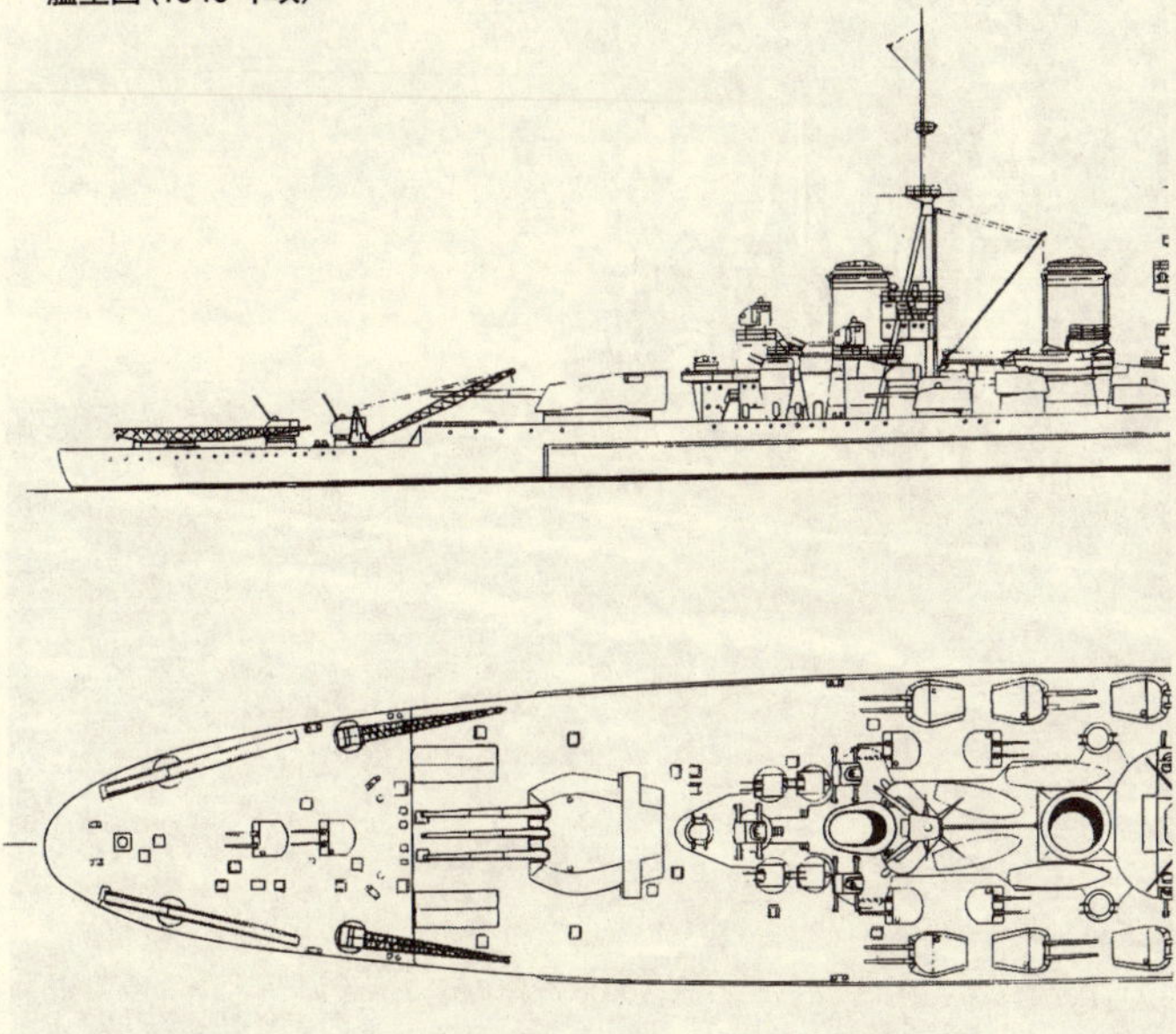

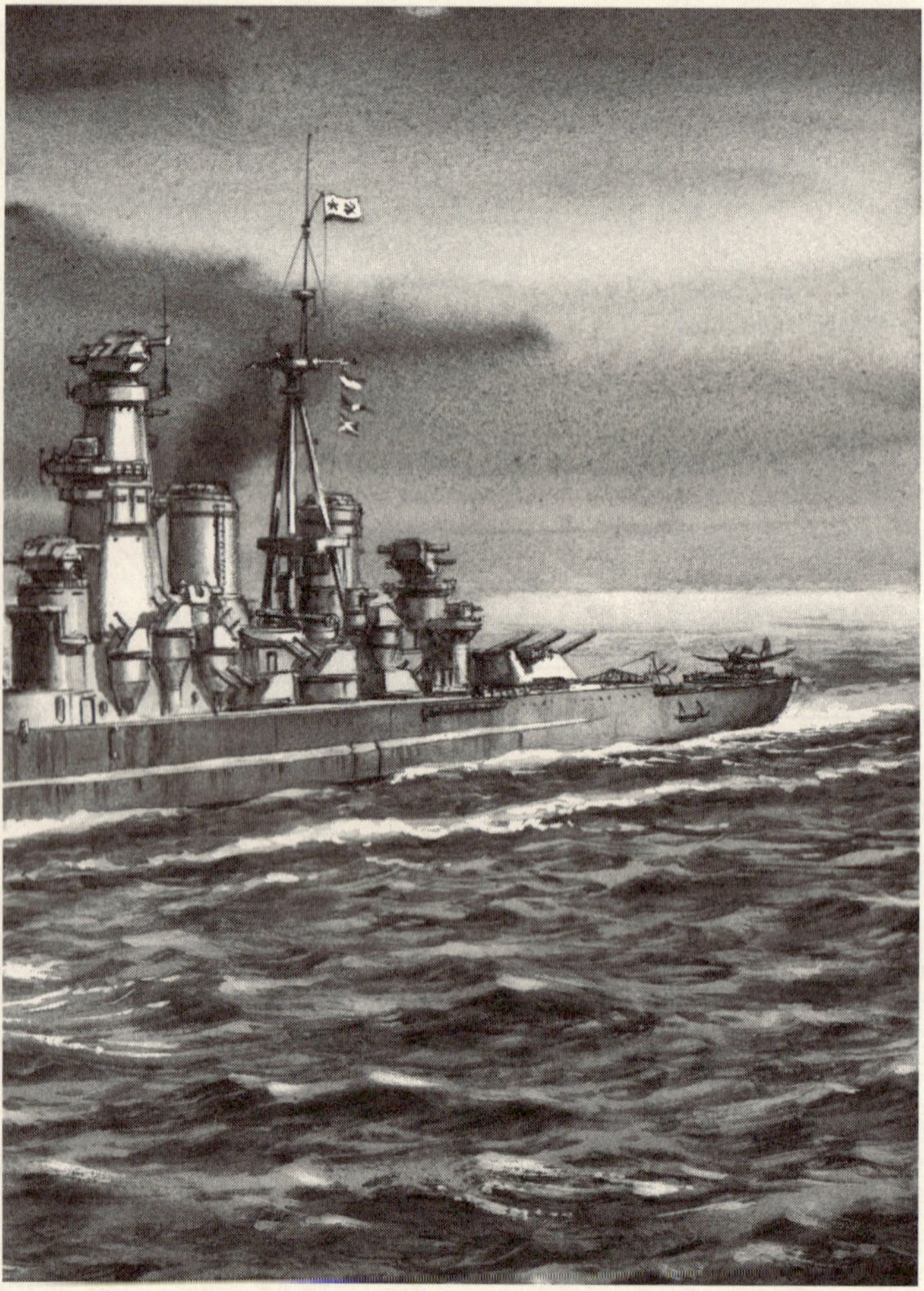

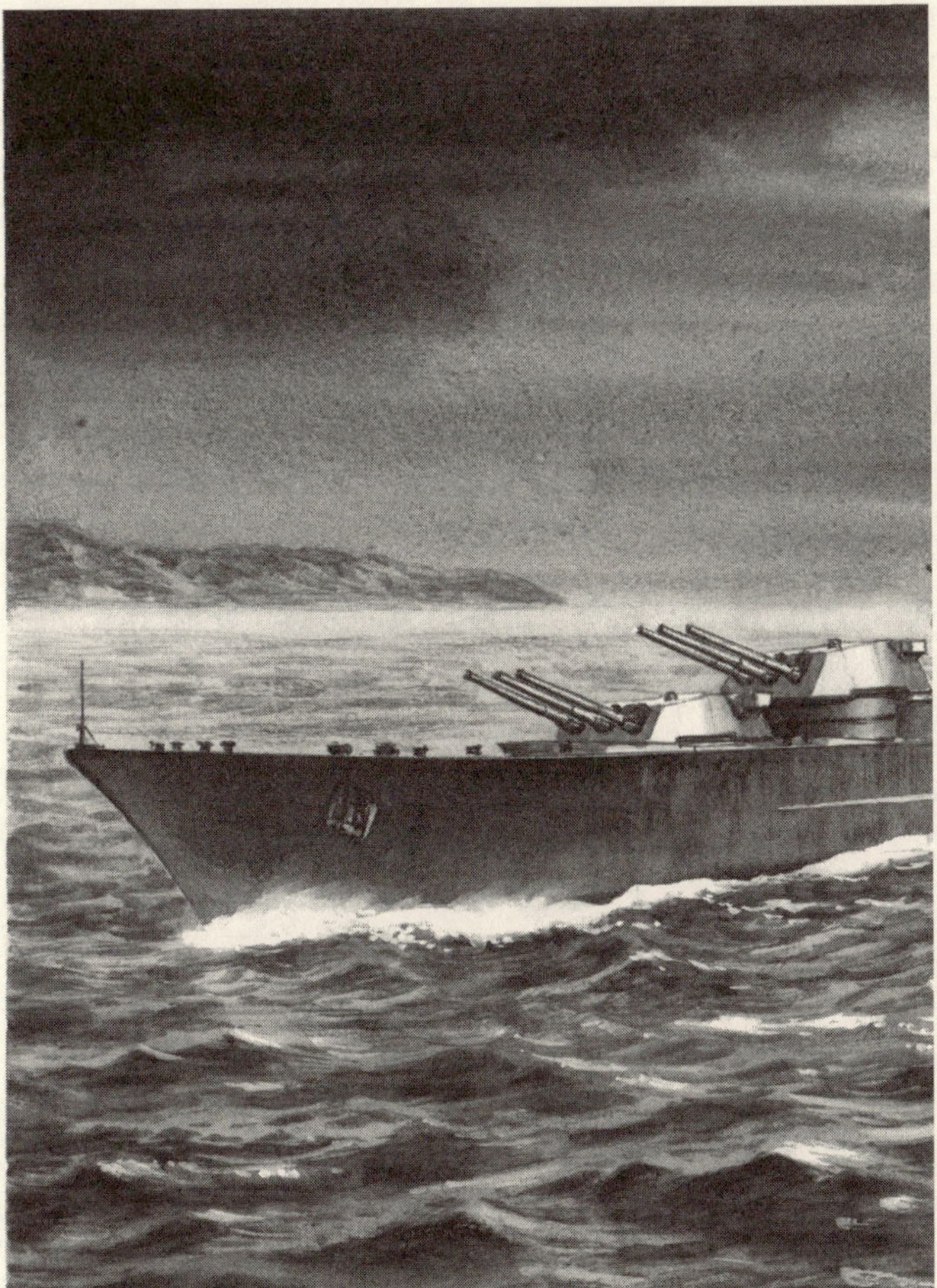

1974年にソ連誌が初めて公表した未成戦艦ソヴィエツキー・ソユーズの完成予想図をもとに描く。満載排水量６万5150トンの巨艦

馬力、速力二七・五ノット、燃料搭載量六四四〇トン、航続距離一四・五ノット―七六八〇海里。

装甲（最大）主甲帯四二〇ミリ、甲板一五五ミリ、主砲塔四九五ミリ、司令塔四二五ミリ。

兵装一六インチ（五〇口径）砲三連装三基、六インチ砲一二門、三・九インチ高角砲一二門、三七ミリ機銃四〇門。水偵四機、カタパルト二基。乗員一六六四名。

一九三八年度で四隻が計画され、レニングラードとニコライエフで各一隻、モロトフスクで二隻が建造されることになり、一九三八年から四〇年にかけて着工された。しかし、ドイツとの開戦により、一九四〇〜四一年に建造中止となり、ニコライエフの一隻が戦時中にドイツ軍に捕獲されたことは既述のとおりである。

各艦の起工から中止解体にいたる経過は次のとおり。

◆ソヴィエツキー・ソユーズ

オルジョニキーゼ工廠（レニングラード）で一九三八年七月三十一日起工、一九四一年十月建造中止、工程二一・一九パーセント。一九四八年六月に公式に抹消されたが、一九四九年四月まで解体工事はつづけられていたという。

◆ソヴィエツカヤ・ウクライナ

ニコライエフのマルティ工廠で一九三八年十月三十一日起工、一九四一年八月ドイツ軍接収（工程一七・九八パーセント）、一九四四年三月ドイツ軍撤退時に一部破壊、ソ連奪回後、

マルティ工廠船台上の戦艦ソヴィエツカヤ・ウクライナ(上)と同艦の船体中部。工程の約18パーセントでドイツ軍に接収された

一九四七年までに解体。

◆ソヴィエツカヤ・ベロルシア

モロトフスク四〇二工廠で一九三九年十二月二十一日起工、一九四〇年十月建造中止（工程二・五七パーセント）、資材は戦時中、建造中の駆逐艦四隻に転用された。

◆ソヴィエツカヤ・ロシア

モロトフスク四〇二工廠で一九四〇年

七月二十二日起工、一九四〇年十月建造中止、工程〇・九七パーセントの状態で戦後まで放置され、一九四七年に解体された。

なお、一九四〇年計画で、本級の五、六番艦の建造（レニングラードおよびニコライエフ予定）が承認されたが、着工せぬうちに一九四〇年十月に建造中止となった。

本級は六万トンの巨艦となったが、兵装や装甲から見て、これほどの大きさが必要であったかは疑問とされている。

例の航空戦艦案を作成したアメリカのギブス・アンド・コックス社は、一九三九年にD案として基準排水量四万五〇〇〇トンの戦艦案（全長二五七・五メートル、幅三四・六メートル、吃水一〇・二メートル、一六インチ砲一〇門、五インチ砲二〇門、一・一インチ砲一六門、一三ミリ機銃一〇門、水偵四機、カタパルト二、主甲帯三三〇ミリ、主砲塔二五四ミリ、司令塔一五二ミリ、主機タービン四基、二〇万馬力、速力三一ノット）を提出しており、装甲はいくぶん劣るが、このていどには十分に圧縮できたかと思われる。

スターリンは、二十数年のブランクがあったことや、軍縮条約下でのきびしい排水量制限も経験しなかったことから、こうした面はあまり気にせず、世界最大最強の戦艦建造を夢見ていたのかも知れない。

⑥ ソ連特有の大型巡洋艦

帝政ロシアの未完成巡戦

ソ連の第三次五ヵ年計画ですすめられた大建艦計画は同海軍空前のものであったが、そのなかで戦艦につぐ大型艦が重巡洋艦である。ここで重巡の定義について触れておきたい。一九二二年のワシントン軍縮条約は巡洋艦の基準排水量を一万トン以下、備砲口径を八インチ（二〇・三センチ）以下と定め、これから条約型の一万トン重巡が生まれた。ついで一九三〇年のロンドン条約で、八インチ砲の重巡と六・一インチ（一五・五センチ）砲以下の軽巡にわけて保有量を制限したことから、備砲口径で重、軽巡の区別をするようになった。

ソ連海軍はこれらの軍縮会議に参加していなかったが、一九三〇年代竣工のクラスニィ・カフカスやキーロフは七・一インチ（一八センチ）砲を装備していたので、これを当時、重巡にあつかった資料もあった。これは七・五インチ（一九センチ）砲装備のイギリスのホーキンス級についても同じことがいえるわけだが、一九三六年の第二次ロンドン条約で、軽巡については八〇〇〇トン以下と定めたので、軽巡にあつかわれた。

これはキーロフなどについても同様で、その他の装備や装甲など内容的にも当時の列強の一万トン重巡と比肩できるものではなかった。

第三次五ヵ年計画でソ連海軍が計画した「プロジェクト69」の重巡洋艦は基準排水量三万トンを越え、備砲口径も三八センチと条約型重巡の基準をはるかに上まわるものであり、これをおなじ艦種にあつかうのは無理だろう。

しかし、無条約時代をむかえ、計画された列強の新戦艦は、三万五〇〇〇トン以上の巨艦となっていて、前記ソヴィエツキー・ソユーズ級戦艦とも内容にかくだんの開きがあることから、これを戦艦とみなすこともできない。

むしろ、大戦中に建造または計画されたアメリカ海軍の大巡（CB）アラスカ級や日本海軍の超甲巡B65に近く、いずれも巡洋艦として高速力をそなえているので、本稿ではこれを巡洋戦艦としてあつかうことにしたい。

クズネツォフの回想にあるとおり、独裁者となったスターリンが異様に執着したのが、この艦種である。ソ連側の呼称は重巡洋艦であるが、他の条約型重巡（ソ連になし）と区別する必要がある。

帝政ロシア海軍が建造した最初で最後の巡洋戦艦がボロディノ級である。一九一二年度計画でバルト海向けに四隻建造され、ドイツ建造の巡洋戦艦に対抗する目的で、主砲腔径を増大して一四インチ（三五・六センチ）五二口径砲を採用、三連装三基とし、速力二八ノットで計画された。これは当時建造中のガングート級戦艦（一二インチ砲三連四基、速力二三ノット）より強力高速であった。

しかし、その後、当時ドイツ海軍で計画中の巡戦と同等の戦力にする目的で、主砲塔を一基増載することになって設計をあらためたが、代償として速力は一・五ノット低下せざるを得なかった。

艦容や諸配置はガングート級によく似ており、主砲配置はガングート級とおなじ、副砲の一三センチ砲も砲廓式で主砲塔直下の両舷に配置するなど、これもガングート級と同型式である。砲数を四門増強したので、艦首付近は上下二段配置とした点がことなっていた。高速化により、艦首付近は乾舷を高めて船首楼甲板がもうけられ、艦橋構造物付近までつづいていた。

一番艦ボロディノ以下四隻は、サンクト・ペテルスブルグのアドミラルティおよびバルチック工廠に二隻ずつ発注され、一九一三年十二月に着工、一九一五〜一六年に進水した。うち二隻のタービン主機はドイツのフルカン社とイギリスのパーソンズ社から輸入する計画であったが、第一次大戦勃発により入手が困難となり、一九一四年八月以降、他の二隻とおなじくフランコ・ロシア社へ再発注された。

しかし、資材や労働力の不足もあって工事は遅れるばかりの状態で、一九一五年六月にもっとも工事の進んでいたイズメイルを他に優先して完成させることになった。新規採用の一四インチ砲はイギリスのヴィッカーズ社の援助をうけて開発、導入を進めていたが、これも製造にかんしていろいろと問題を生じ、在来の一二インチ砲への換装も検討されるなど、本級の建造は停滞するばかりであった。

一九一七年初めには三隻の工事は中止となり、それでもイズメイルだけは一九一八年初めころに、なんとか完成させようと努力がつづけられた。

しかし、その後に起きたボルシェビキ革命のため本艦の工事も中止となり、ボロディノ級はいずれも未成のままで終わることになった。

本級の計画時の主要目は次のとおりである。

常備排水量三万二五〇〇トン、満載排水量三万六六四六トン、全長二二八・六メートル、最大幅三〇・五メートル、吃水八・八一メートル。

主機パーソンズ式（ナヴァリンのみフルカン式）直結タービン四基（四軸）、ヤーロー缶（混焼式一六、専焼式九）二五基、出力六万六〇〇〇馬力、速力二六・五ノット、燃料搭載量一九五〇トン（石炭）、一五七五トン（重油）、航続力一六ノット—三八三〇海里。

装甲（最大）主甲帯二三七・五ミリ、甲板七五ミリ、砲塔三五六ミリ、司令塔四〇〇ミリ。

兵装一四インチ（五二口径）砲三連装四基、五・一インチ砲二四門、二・五インチ高角砲四門、四五センチ魚雷発射管（水中）六門、乗員一一七四名。

各艦の起工から解体までの状況は次のとおり。

◆イズメイル

サンクト・ペテルスブルグ、バルチック工廠で一九一三年十二月十九日起工、一九一五年六月二十二日進水、一九一七年二月工事中止、一九二五～二六年空母への改装を検討されるも実現せず、一九三一年レニングラードで解体。

◆ボロディノ

サンクト・ペテルスブルグ、アドミラルティ工廠で一九一三年十二月十九日起工、一九一五年七月三十一日進水、一九一七年二月工事中止、一九二三年八月ドイツへ売却、同年ブレーメンへ曳航、解体。

◆キンブルン

サンクト・ペテルスブルグ、バルチック工廠で一九一三年十二月十九日起工、一九一五年十月三十日進水、一九一七年二月工事中止、一九二三年八月ドイツへ売却、同年十一月キールへ曳航、解体。

◆ナヴァリン

サンクト・ペテルスブルグ、アドミラルティ工廠で一九一三年十二月十九日起工、一九一六年十一月九日進水、一九一七年二月工事中止、一九二三年八月ドイツへ売却、同年ハンブ

ボロディノ級巡洋戦艦

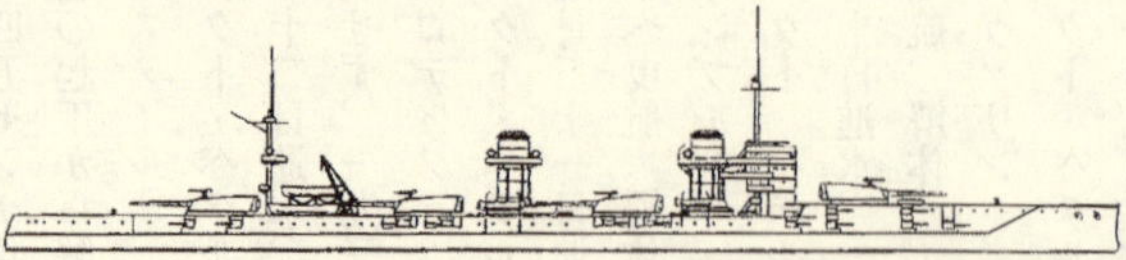

イズメイルの完成予想図(上)と売却されてキールへ曳航されるキンブルン

ルグへ曳航、解体。
（注、進水年月日などは資料により相違あり）
なお、イズメイルの空母改装への要求は、常備排水量二万～二万二〇〇〇トン、搭載機五〇機（雷爆撃機一二、戦闘機二七、偵察機六、弾着観測機五）、兵装七・二インチ砲八門、四～五インチ砲八門、二〇～四〇ミリ五連装機銃四基、速力二七ノットという内容であったが、艦自体も大型すぎて、空母運用の経験もないソ連海軍の手にあまるものがあり、改装は断念され、売却解体の道をたどったのである。

このボロディノ級は巡洋戦艦として計画されたが、防御力はかなり強化され、速力もいくぶん低下はしたものの、むしろ初期の高速戦艦に近かったのではないかと評されている。

革命騒ぎがなく本級が完成していれば、ロシア海軍には別の戦艦史が展開していたかも知れない。

スターリン好みの大型巡

第一次大戦後のワシントン軍縮条約締結により、在籍、未成を問わず、各国の巡洋戦艦はほとんど姿を消し、第二次大戦開戦時まで残っていたのは、イギリスのフッドとリナウン級二隻、日本の「金剛」型四隻だけで、これらも近代化改装により高速戦艦に変貌しようとしていた。

ソ連海軍も草創期から重巡の価値を認め、その研究と設計を開始したが、予算や資材、労働力の不足などもあって建造のめどがつかず、作業はしばしば中断された。艦種名称も「大型巡洋艦」や「装甲巡洋艦」などと一定せず、近代的な「重巡洋艦」とはどのような艦なのか――という基本的な問題から調査と研究をはじめねばならなかった。

第一次大戦後のブランクは大きく、海軍スタッフや設計官のおおくは、自力で重巡を建造するにはまだ時期尚早と考えており、いずれ外国に発注するか、技術援助を仰がねばならないと判断していた。

しかし、スターリンは重巡洋艦の国産を主張し、それも列強の重巡を凌駕する強力な艦の建造を要望したのである。

一九三〇年代なかばから、第一中央造船設計局がキーロフ級巡洋艦の設計とともに、欧米の重巡を凌駕する大型巡洋艦の開発に着手したのは、こうしたスターリンの指示にもとづいていた。

一九三五年五月、同設計局のコルサコフ主任設計官は、単独で作戦任務を遂行可能な「X型」巡洋艦の原案を完成した。それは満載排水量約二万トン、二四センチ砲三連装四基と水上機一二機に小型潜水艇二隻を搭載するユニークな一種の航空巡であった。

主砲四基は前後に二基ずつ配置され、その後方、艦尾にかけて船体は延長され、甲板下は二層の格納庫となっていて水上機を収容する。搭載機はハッチをひらいて両舷のクレーンにより揚収される。その後方にカタパルト、艦尾に飛行（作業）甲板があり、その間の両舷に運搬軌条がもうけられている。

飛行甲板は細長く、その両舷の上甲板には小型潜水艇が搭載される。四番砲塔直後両舷の中甲板に旋回式の三連装魚雷発射管が装備されるなど、かなりの重兵装であった。その計画要目は次のとおり。

基準排水量一万五五二〇トン、満載排水量約二万トン、全長二三六・〇メートル、幅二二・〇メートル、吃水六・六メートル。

主機タービン四基（四軸）、出力二一万馬力、速力三八ノット、航続距離五〇〇〇海里。

装甲・舷側一一五ミリ、甲板七五ミリ。

兵装二四センチ砲三連装四基、一三センチ両用砲連装六基、四五ミリ機銃六門、一二・七ミリ機銃四門、五三・三センチ魚雷発射管三連装二基、カタパルト一基、水上機一二機、小型潜水艇二隻。乗員七二八名。

搭載機はハインケル社製のKR1型のようで、カタパルトも、後述の事情からハインケル社製のものを装備する計画であったようだ。

おなじ年に同設計局のブジェジンスキィ主任設計官も「大型巡洋艦」の原案を作成した。この方は大きさもひとまわり大きく、満載排水量は約二万四〇〇〇トンとなり、主砲も二五センチと口径を増して三連装三基とした。本案もカタパルト一基、水上機九機を搭載したが、

スターリンの指示に基づいて第1中央造船設計局が完成した「X型」巡洋艦の原案をもとに描いた完成予想図

「X型」巡洋艦の搭載機候補のひとつと思われる、ハインケル社製のKR1小型飛行艇

小型潜水艇はない。計画要目は次のとおり。

基準排水量一万九五〇〇トン、満載排水量約二万四〇〇〇トン、全長二四〇・〇メートル、幅二四・〇メートル、吃水七・四五メートル。主機タービン四基（四軸）、出力二一万馬力、速力三六ノット、航続距離五〇〇〇海里。

装甲・舷側二〇〇ミリ、甲板二五＋一〇〇ミリ。

兵装二五センチ砲三連装三基、一三センチ両用砲連装六基、四五ミリ機銃一二門、五三・三センチ魚雷発射管三連装二基、カタパルト一基、水上機九機。

一九二九年、ソ連海軍はドイツのハインケル社から圧縮空気式のK3型カタパルトを購入、これを改装中の戦艦パリスカヤ・コンムナに装備した。搭載機は同社製のHD55を輸入、制式化したKR1小型飛行艇である。これを機に戦艦や巡洋艦につぎつぎと航空兵装の装備が実施された。

バルト海をはさんでソ連と対峙するスウェーデン

海軍は、一九三四年十二月に水上機一一機搭載可能の航空巡洋艦ゴットランドを完成させているが、そのカタパルトもハインケル製であった。この時期、ソ連で航空兵装強化の巡洋艦が二案も設計された背景には、こうした事情がかなり影響していたようである。

一方、新戦艦についてはは一九三五年に、大小二つのタイプについて海軍アカデミーで研究がはじまった。一つはA型と称し、のちのプロジェクト23に発展する大型のもの、小型のB型は列強の条約型重巡やドイツ装甲艦を撃破するもので、前者は太平洋および北洋艦隊に、後者はバルト海と黒海艦隊に配属の予定であった。

B型については排水量二万三〇〇〇～三万トンで三〇・五センチ砲装備の重防御タイプと、排水量二万一五〇〇～二万八五〇〇トン、三〇・五センチ砲、搭載機四九～六〇機の航空戦艦タイプについて検討された。

後者は先の大型巡二案や、のちのアメリカG&C社案にも共通するものがある。これらハイブリッド艦は、空母を認めようとしないスターリンの下で、これを望む海軍士官が考案した苦肉の策だったのだろうか。

新重巡（巡洋戦艦）建造への道は、このように奇妙なハイブリッド艦でスタートを切ることになったのである。

⑦「金剛」型に優る重巡洋艦

スターリンが出した要望

ソ連海軍艦政局は、前年に第一中央造船設計局が提出した二つの巡洋艦案をしりぞけて、一九三六年に「プロジェクト22」の装甲巡洋艦（基準排水量二万三〇〇〇トン）の設計を命じたが、この計画も間もなく中止されることになった。

一九三七年に、ソ連海軍が列強諸国の重巡に対抗できるとともに、単独でも通商破壊戦が可能な大型の巡洋艦（満載排水量二万二〇〇〇〜二万三〇〇〇トン、二五・四センチ砲九門、速力三四ノット）の設計を指示し、同年十一月に、ヴィクトロフ総司令官がこれを「プロジェクト69」として承認したからである。

そのさい、先に提出された「X型」「大型」の二航空巡洋艦案や、一九三六年にイタリアのアンサルド社がソ連向けに作成した「巡洋戦艦」案（基準排水量二万二〇〇〇トン、満載排水量二万六七〇〇トン、二五センチ砲三連装三基、一三センチ砲連装六基、五三・三センチ魚雷発射管三連装二基、搭載機四、速力三七ノット）も参考にするよう指示された。

これをうけて、第一七中央設計局（旧第一中央造船設計局）のニキチン主任設計官は、一九三八年六月に原案（基準排水量二万四四五〇トン、二五・四センチ砲三連装三基、一三センチ両用砲連装四基、速力三三・三ノット）を完成させた。

海軍当局はこれを適切な設計と判断して、スターリンに提出したところ、スターリンはこれを却下して「〝プロジェクト69〟重巡洋艦の主要任務は、ドイツが建造中のシャルンホルスト級巡洋戦艦を阻止することだ」といい出した。

これについては、いくぶん説明をくわえる必要がありそうだ。

第一次大戦後、ヴェルサイユ条約の制限下でドイツ海軍が一九三三年に建造したのが、公称排水量一万トン（実際は一万一七〇〇トン）、二八センチ砲九門、速力二八ノットの装甲艦ドイッチュラントであった。外洋における通商破壊を主任務とする特殊な主力艦で、ポケット戦艦と呼ばれ、ディーゼル駆動の長い航続力が特長であった。

三隻建造すると、これを撃破するものとしてフランス海軍が一九三七、三八年に完成したのが戦艦ダンケルク級（基準排水量二万六五〇〇トン、三三センチ砲八門、速力二九・五ノット）であった。当時、ドイツ海軍は四隻目の装甲艦を計画中であったが、これを知ると、その設計をあらため、さらに強力な二万六〇〇〇トンの戦艦の建造に着手した。

独巡洋戦艦シャルンホルスト

一九三五年のヒトラーによるヴェルサイユ条約の破棄から、英独海軍協定が締結され、この排水量は公認されることになり、一九三八〜三九年に竣工したのがシャルンホルスト級（基準排水量三万四八四一トン、二八・三センチ砲九門、主機タービン、速力三二ノット）二隻であった。

本級は高速力をそなえた中型戦艦とされたが、事実上は巡洋戦艦（ソ連海軍の重巡）であった。スターリンはこうした独仏間の建艦競争を知ったうえで、シャルンホルスト級を凌駕する艦を要求したのであろう。

同級は一九三六年に二隻とも進水をおえており、「プロジェクト69」原案の「単独でも通商破壊戦が可能な大型艦」も、装甲艦の性格をうけつぐ本級を意識したものであったかと思われる。スターリンは、この種の重巡を「手の長い海賊」と称したが、その強力な兵装と単独通商破壊的な行動力をさしているようだ。

スターリンの指示をうけたイサコフ副総司令官は、すぐに「プロジェクト69」の戦術・技術規則を改訂し、主砲は三〇・

五センチ（一門あたり一〇〇発）にあらためられた。そのため、一三センチ砲や三七ミリ機銃の弾薬搭載量が減らされたにもかかわらず、基準排水量は三万一〇〇〇トンに増大し、速力も三二ノットに低下することになったが、兵装的にはシャルンホルスト級より強大となった。

しかし、スターリンの本艦種への強い関心を知った海軍当局は、さらに改善の余地があると判断し、海軍と軍需産業で特別委員会を設置して、海軍アカデミーのスタヴィツキー戦術学科長を委員長にすえ、シャルンホルスト級にかぎらず、フランスのダンケルク級からイギリスのリナウン級、日本の「金剛」型巡洋戦艦、イタリアのアンドレア・ドリア級まで調査範囲をひろげて、仮想敵を研究し比較検討した。

その結果、「プロジェクト69」重巡の作戦任務は、戦艦が必要ないか、戦艦の速力が不足の場合の戦艦の代理と陸上部隊の支援にあり、予備任務として、偵察部隊の掩護、敵偵察部隊の阻止、機雷敷設作戦の掩護、潜水隊の出撃および帰港の掩護、通商破壊、艦隊戦における敵巡洋艦の阻止などがあげられた。

また、海域別の特別任務として、太平洋では日本の沿岸都市の襲撃と海上交通の破壊、オホーツク海や日本海などでは日本艦隊の牽制、北海では北海北部と大西洋への出撃、黒海ではトルコ海軍とのバランスの維持など、主力決戦いがいの多様な任務が課せられることになった。それは新重巡への期待の高さをしめすものであった。

「プロジェクト69」の起工

同委員会は図上演習研究会も開催して、他国のライバル艦との戦闘力を比較し、「プロジェクト69」はシャルンホルスト級、「金剛」型よりも優位だが、ダンケルク級には劣り、欧米の重巡には砲火力で圧倒するものの速力では劣る、と結論づけた。

そして、「軽巡洋艦を追跡するには速力が不足、三〇・五センチ砲一門あたりの弾薬定数を一二〇発に増加すべきである。一三センチ砲、一〇センチ砲の弾薬定数もたりないが、航続距離は長すぎる。基地航空隊や駆逐艦の支援がなければ、基地から離れた海域での作戦任務達成は困難であり、航続力を大きくしても役に立たない」と指摘して、一三センチ砲を一五・二センチ砲に変更し、航続距離の抑制、装甲の強化などを提案した。

一九三九年二月、第一七中央設計局のベスポロフ設計官が「プロジェクト69」の主任設計官に任命され、以上の意見を参考にしながら、技術改良案をまとめあげた。同年七月、国防委員会は技術改良案を承認した。

その設計作業中にもスターリンは建造をいそぐように要求したので、起工後に技術最終案が承認されるという変則的な事態も発生したが、その着工はいそがれて、その年の十一月に二隻がレニングラードとニコライエフであいついで起工され、一九四三年竣工の予定でスタートした。

一九四〇年四月作成の技術案による「プロジェクト69」案のクロンシュタット級重巡（巡戦）の主要目は、次のとおりであった。

基準排水量三万五二四〇トン、満載排水量四万一五三九トン、全長二五〇・五〇メートル、最大幅三一・六〇メートル、最大吃水九・四五メートル。

主機チャルコフ製ギャード・タービン三基（三軸）、7U－bis式三胴缶一二基、出力二一万馬力、速力三二・〇ノット、燃料搭載量二九二〇トン、航続距離一六・五ノット―六九〇〇海里。

装甲（最大）主甲帯二三〇ミリ、甲板九〇ミリ、主砲塔三三〇ミリ、司令塔三三〇ミリ。

兵装一二インチ（五四口径）砲三連装三基、六インチ両用砲八門、三・九インチ高角砲八門、三七ミリ機銃二八門、一二・七ミリ機銃八門、カタパルト一基、水偵二機、乗員一〇三七名。

高速力を出すため、長大な船型となり、全長においてガングート級より約六九メートル、ボロディノ級より約二二メートルも長い。舷側主甲帯は前部第一主砲塔付近から第三砲塔付近まで五メートルにわたって二三〇ミリの防御甲鈑が五度の傾斜をもって装着された。

主砲塔は前後楯三〇五ミリ、天蓋および側板一二五ミリ、バーベット部三三〇ミリの装甲厚を有し、前部二基、後部一基の総重量は一万三六九トンに達する。

主装甲帯の鋼厚を比較すると、ガングート級（二二五ミリ）と大差ないが、装甲総重量は

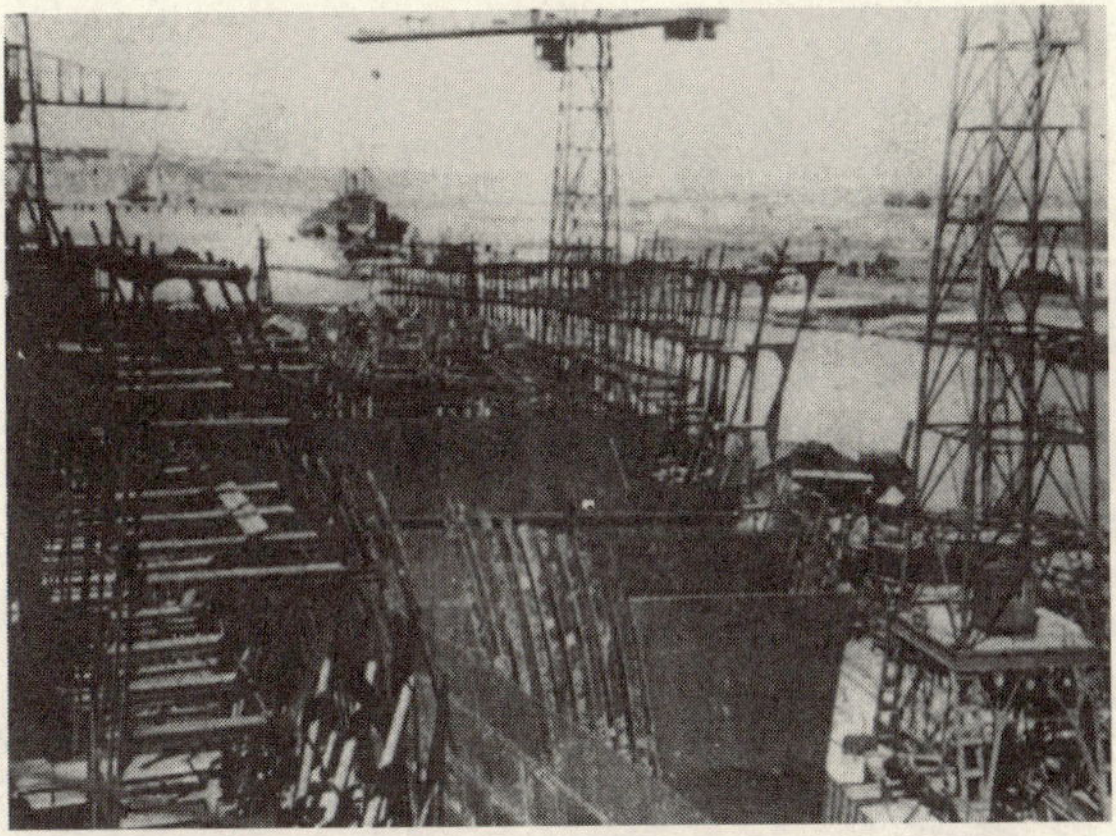

マルティ北工場で建造中のセヴァストーポリ

一万二三六九トンにおよび、新造時のガングート級（六七一四トン）のほぼ一・八倍となり、重量配分比では、防御が三五・一パーセントで、ガングート級の二八・九パーセントとくらべても、その強化のほどが理解できよう。なお、ソヴィエツキー・ソユーズ級で採用されたプリエーゼ式水中防御方式は本級では採用せず、アメリカ海軍の多層防御方式にあらためられた。

機関部はギヤード・タービン三基と主缶一二基による三軸推進で、主缶は六缶室に分置され、前部四缶室と前部両舷機室が外軸を、後部二缶室と後部機室が中央軸を駆動し、二一万馬力で速力三二ノットを出す。

五七口径六インチ連装砲は、前檣直後と第一煙突後方両舷に各二基、計四基装備され、五六口径一〇センチ連装高角砲は第二煙突と後部艦橋両舷に四基が配備されている。前後煙突間にはカタパ

ドイツの巡洋戦艦に対抗できる通商破壊戦用大型艦というコンセプトのもとに設計、建造に着手されたクロンシュタット級完成予想図

ルト一基が設置され、KOR2型水上機二機を搭載する。

スターリンにせかされて、二番艦セヴァストーポリがニコライエフのマルティ北工廠（二〇二造船所）で十一月五日に起工式をあげると、一番艦クロンシュタットもレニングラードのマルティ工廠（第一九四造船所）で十一月三十日に起工された。

四月に技術改良案がつくられて、わずか七ヵ月というあわただしさ。竣工は一九四三年の予定であった。

船体の建造ははじまったが、搭載すべき主砲の開発は遅れていた。

この五四口径一二インチ（三〇・五センチ）B50型砲は、最大仰角四五度、最大射程四万三〇〇〇メートル、毎分三・二発の発射能力があると伝えられているが、これを製造するレニングラードの工場は実験砲塔Mk15は製造したが、装備するB50型砲はまだ設計段階にあり、主砲の完成はかなり遅れそうであった。

スケジュールの遅延を心配した海軍は、ドイツのクルップ社から砲を購入しようと考え、商談をはじめた。ドイツ海軍は一九三九年に「Z計画」とよばれる大建艦計画をたて、戦艦は六隻を建造する予定であったが、一九三七年度でティルピッツが起工されて以来、戦艦の建造はなかった。

クルップ社も五四口径三八センチ連装砲塔（ビスマルク級装備とおなじ）六基と一〇・五メートル測距儀をふくむ射撃指揮装置や、一・五メートル探照灯六基などの輸出を提案してきたので、この話はスターリンにもとりつがれた。

クルップ社からの新提案

スターリンは、その提案に興味をしめし、造船大臣に商談を継続するよう指示するとともに、海軍アカデミーに三八センチ砲装備の「プロジェクト69」型重巡の研究を命じた。そして、スターリンは海軍の意見を聞かずに、独断専行でクルップ社から三八センチ砲などの購入を決定してしまった。

主砲を換装すれば、建造中の船体も設計をあらためねばならない。これを知ったクズネッォフは、「プロジェクト69」重巡の建造中止と、「プロジェクト30」駆逐艦（オグネヴォイ級の原型）の開発を提案したが、スターリンは「重巡洋艦は艦艇建造計画の最重要課題であり、その完成を最優先にしなければならない」と重巡の建造に強い執着をしめしたので、海軍は三八センチ砲装備の重巡設計作業をつづけるほかはなかった。

一九四〇年十月、第一七中央設計局は、三八センチ砲装備の「改プロジェクト69」の原案の設計を完成し、これを「プロジェクト69-i」と名付けた。これと原型の「プロジェクト69」とは性能にも大きなへだたりがあり、建造中の二隻の変更には、かなりの改造工事を必要とした。

それでスターリンは、つづく戦艦や巡洋艦の起工を中止して、「プロジェクト69-i」二隻

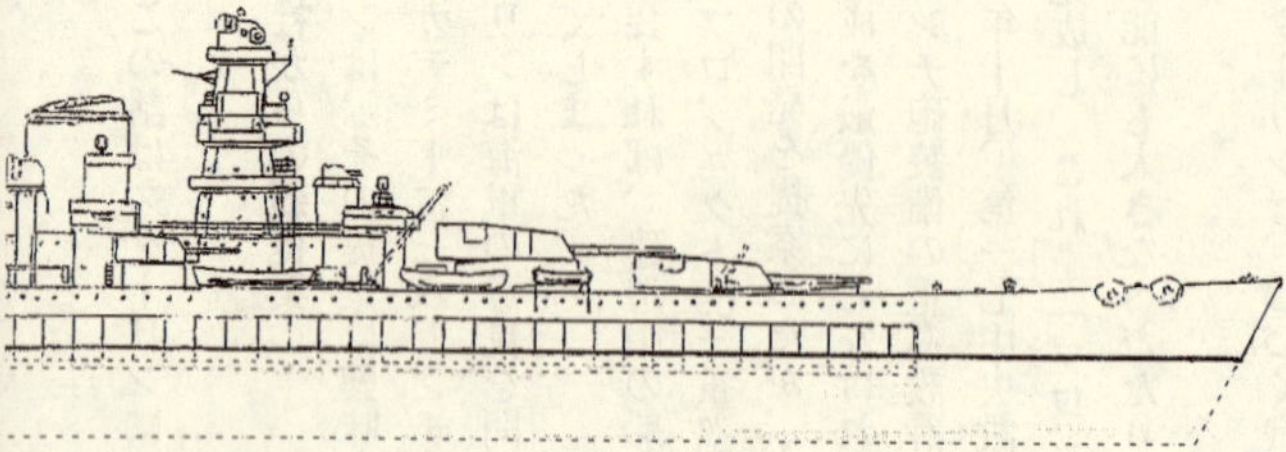

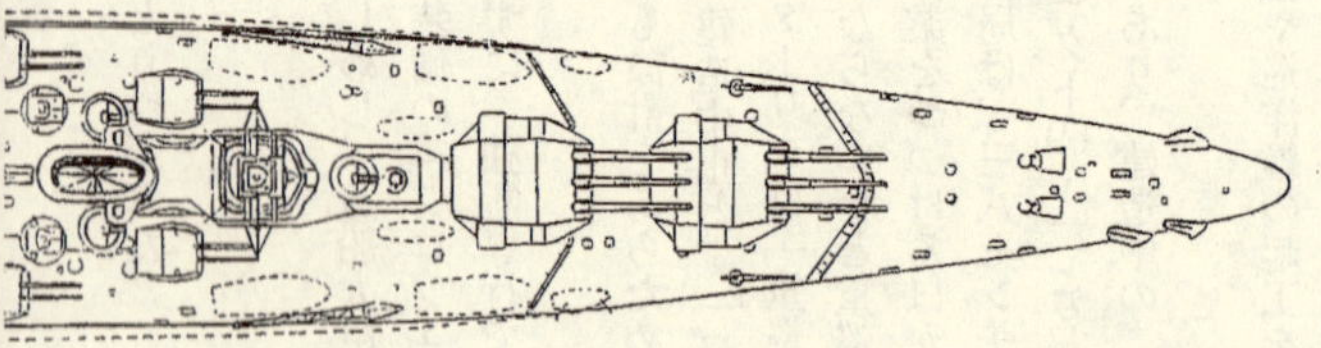

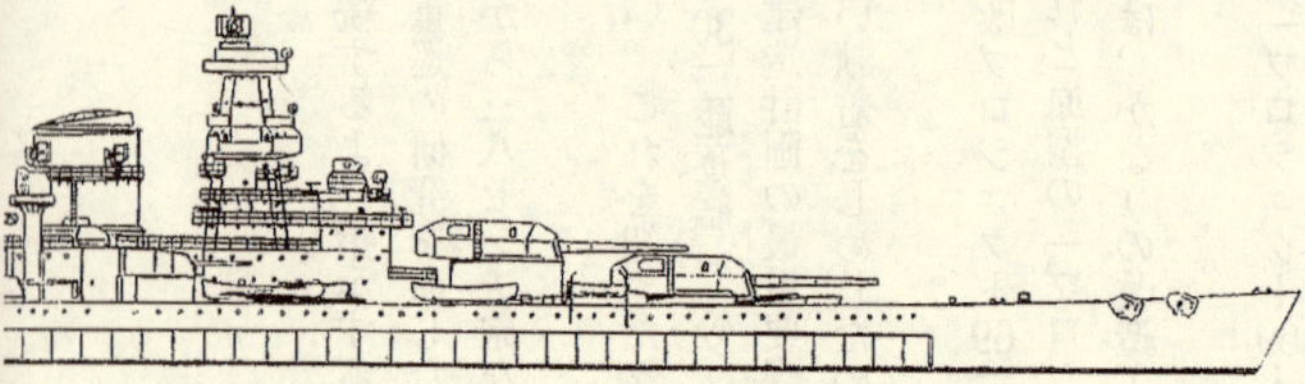

「プロジェクト69」クロンシュタット級巡洋戦艦

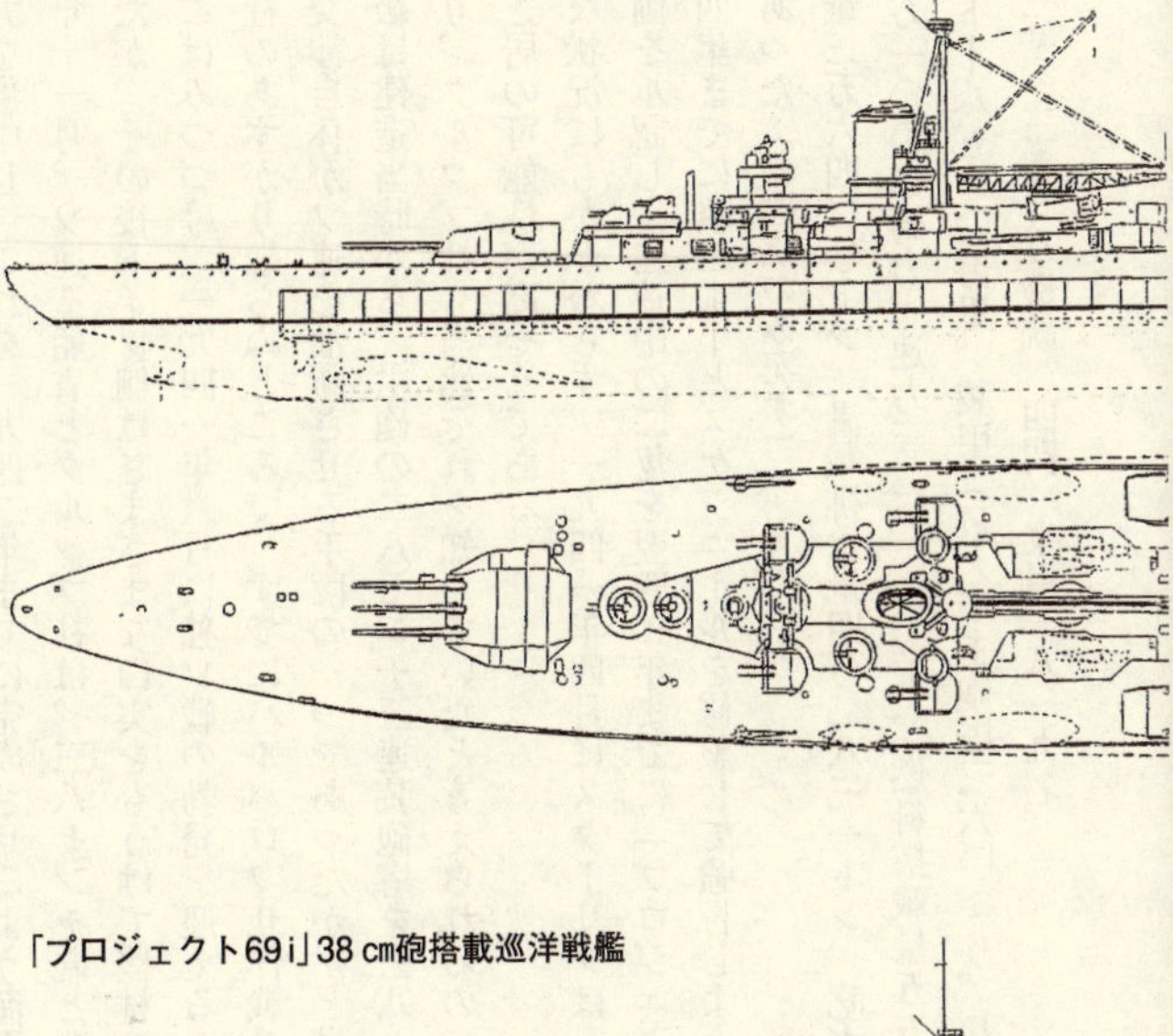

「プロジェクト69i」38㎝砲搭載巡洋戦艦

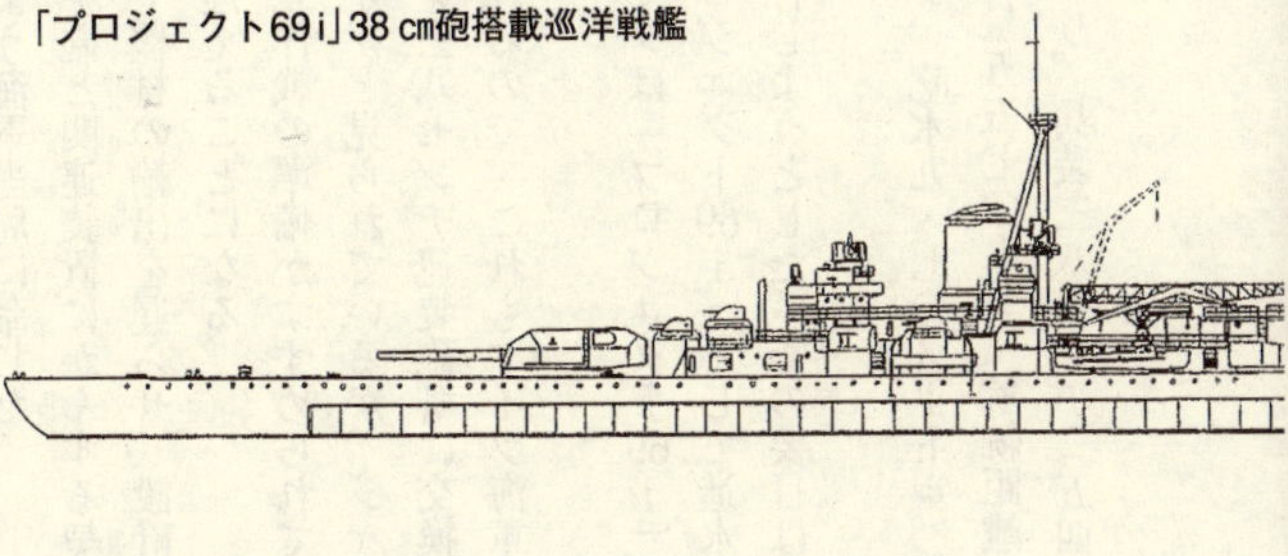

の建造に全力を集中し、これを一九四二年までに完成させるよう海軍当局に命じた。

一九四〇年十一月、ソ連造船省とクルップ社は、三八センチ砲と関連装置にかんする契約にサインしたが、その後ドイツ側はさまざまな口実をもうけて機材の輸出を遅らせ、設計図面の提供をこばみつづけ、一九四一年六月に独ソ戦の勃発を迎えることになる。

クルップ社のあずかり知らぬところで、すでにバルバロッサ作戦の準備がすすめられていたか、契約交渉自体がソ連を油断させる手段の一つであったか、と見られているが、シャルンホルスト級は建造当時から、主砲の二八センチ三連装砲塔を三八センチ連装砲塔に交換する計画があり、クルップ社も当然それを知っていたと考えられるので、これもドイツ海軍が仕組んだ大芝居の可能性が高そうである。

このような状況にもかかわらず、一九四一年四月にスターリンは「プロジェクト69ｉ」重巡の建造計画を承認し、建造中の二隻を翌四二年までに「プロジェクト69ｉ」として進水させ、一九四四年までに竣工――とスケジュールを修整して強行しようとした。その要目は次のとおりであった（相違点のみ記す）。

基準排水量三万六四二〇トン、満載排水量四万二八三一トン、吃水九・七〇メートル。機関出力二三万一〇〇〇馬力、速力三二・〇ノット、燃料搭載量五五七〇トン、航続距離一四・五ノット―八五〇〇海里。装甲（最大）主砲塔三六〇ミリ。兵装三八センチ（五四口径）砲連装三基、三七ミリ機銃二四門。乗員一八一九名。

なお、前檣上の射撃指揮装置の測距儀も、原型の八メートルから一〇・五メートルにあらためられることになっていた。

独ソ開戦により一九四一年七月十日、国防委員会は工程一二パーセントに達していた「プロジェクト69」型重巡二隻の建造を中止した。

一番艦クロンシュタットの装甲はレニングラードでトーチカに利用されたが、八月にニコライエフを占領したドイツ軍は、二番艦セヴァストーポリを解体、鋼材や装甲を本国に輸送した。

三番艦（スターリングラードと命名の予定だったとする資料もある）と四番艦はモロトフスク四〇二工廠で建造の予定であったが、着工前に中止となった。

⑧ 独ソ不可侵条約の裏側

不可解なドイツの動き

「プロジェクト69」としてソ連海軍が着工した重巡（巡洋戦艦）は、予定したドイツのクルップ社製の三八センチ連装砲塔が輸入できず、開戦で建造中止となったが、考えてみると奇妙な話である。

そもそも主砲が設計段階にあるのに、船体の建造をすすめること自体が無謀であり、通常の艦艇建造では考えられないが、そこは独裁者スターリンのこの艦種への異常な執着心によるものと理解するほかはない。

しかし、ドイツはソ連にとって、第一の仮想敵国のはずである。そこから主砲を購入しようと商談をもちかけるのは、みずからの手の内を敵にさらけ出すような話で、危険きわまりない。猜疑心の強いスターリンが、これをむしろ積極的にすすめ、クルップの示したうまい話にやすやすと乗ったのは何故か。

第三次五ヵ年計画で重工業が軌道に乗ってきたとはいえ、当時のソ連ではこのような巨砲の設計や製造はかなり困難な作業であった。「プロジェクト23」でも、国産化を決定する前に、アメリカに打診したほか、フランスのシュナイダー・クルゾー社にも四五口径一六インチ砲発注の件で接近したという。「プロジェクト69」でも、その必要性は十分あり得たのである。

ドイツとの商談の窓口がひらかれたのは、一九三九年八月、独ソ不可侵条約が締結されてからである。たがいに侵略の悪玉と非難を浴びせていたヒトラーとスターリンが手を結んだことは、驚天動地の離れわざとして世界を驚かせた。

かねて日独軍事同盟をすすめていた日本の平沼内閣は、これで総辞職することになり、平沼首相が退陣にさいし「欧州の情勢は複雑怪奇」と述べたのが、のちのちまで語り草となった。

これに付属した貿易協定により、ドイツの兵器がソ連に流れることになった。これでラインメタル社の三八センチ砲、一五センチ砲、一〇・五センチ砲とその射撃指揮装置の購入が可能となり、第一七中央設計局が「プロジェクト69」重巡と「プロジェクト68」軽巡（チャパエフ級）に一五センチ砲と一〇・五センチ砲を搭載するように急遽再設計したのも、ドイツ製兵器の優秀さを示すものであった。

この独ソ不可侵条約は、勢力圏の分割を相互承認した秘密協定つきのものであったが、これで後顧の憂いをなくしたヒトラーは、九月にポーランド進撃の火蓋を切ることになる。

これでドイツから兵器の購入が可能となり、ソ連海軍はクルップ社と主砲の商談をすすめ、三八センチ砲という強力兵器の提案に、スターリンもすっかり乗り気になったのであろう。

しかし、自国の主力戦艦の最新兵器を、そうやすやすと仮想敵国に売りわたすものだろうか。引き受けておいて、土壇場でこれを破談にすれば相手の計画が頓挫することを、ドイツ海軍は織り込み済みだったのではないか。

未成艦リュッツオウ入手

この貿易協定でソ連海軍が得た最大のドイツ兵器が、アドミラル・ヒッパー級の未成重巡リュッツオウである。

リュッツオウは一九三六年計画で建造されたアドミラル・ヒッパー級の五番艦で、当初は四番艦ザイドリッツとともに一五センチ砲一二門装備の大型軽巡として計画された。しかし、ソ連海軍が一八センチ砲装備のキーロフ級を建造したことから、二隻とも三番艦プリンツ・オイゲンの同型艦として着工されることになったもので、僚艦と寸法などもいくぶん異なっていた。

リュッツオウの計画時の主要要目は、基準排水量一万四二四〇トン、主機デシマーク式ギヤード・タービン三基（三軸）、ワグナー缶一二基、出力一三万二〇〇〇馬力、速力三二ノット。兵装八インチ（六〇口径）砲連装四基、一〇・五センチ高角砲一二門、三七ミリ機銃一二門、二〇ミリ機銃一六門、五三・三センチ魚雷発射管三連装四基、カタパルト一基、水偵三機――であった。

本艦は一九三七年八月二日にブレーメン・デシマーク造船所で起工、一九三九年七月一日に進水し、艤装中に第二次大戦を迎えることになった。

一九四〇年二月に、例の貿易協定により、本艦は未成のまま、三五〇万トンの食料や原料と引き換えにソ連への売却が決定した。この時の状態は、船体と艦橋構造物の基礎部分まではできあがっていたが、主砲の八インチ砲はA、D二砲塔が搭載されていたといわれる。

このかたちのまま、一九四〇年四月に曳航されてブレーメンを離れ、レニングラードの第一八九造船所に回航された。ここでドイツ人技師の指導のもとに工事は再開されて、一九四二年の完成をめざすことになった。

契約額は一億一六〇〇万ルーブルで、一九四一年五月までにすべての艤装品と図面の引き渡しをうける予定になっていた。ソ連海軍はこれまで条約型重巡の経験はなく、これで艦艇陣の増強をはかるとともに、ドイツの艦艇建造技術の取得も意図したのである。

建造中のザイドリッツの購入もソ連海軍は希望したのだが、これはドイツにことわられた。なお、リュッツオウの艦名は一九三九年十一月に装甲艦ドイッチュラントに引き継がれてい

独重巡洋艦リュッツオウ

る。未成重巡の売却は、この時すでに決定していたのであろう。

一九四〇年九月に本艦はペトロパブロフスクと改名されて、のちに「プロジェクト83」のナンバーがあたえられた。ソ連海軍にとって、本艦の溶接構造船体や装甲構造、新型の主機、一〇・五センチ高角砲などは貴重な教材であった。第一七中央設計局は、その図面や資料を積極的に研究して、技術の吸収と向上に役立てたという。

「プロジェクト83」の建造はドイツ人技師の指導の下、レニングラードの第一八九造船所で建造が続けられた。契約額は一億一六〇〇万ルーブル（約一〇七億マルク）で、一九四一年五月までにすべての艤装品の引き渡しを受けて、一九四二年中に完成の予定であった。

その計画要目は、基準排水量一万五六五〇トン、主機、主缶は変わらず、出力一三万二〇〇〇馬力、速力三二・七ノット、航続力一四ノット―七一五〇海里、兵装二〇・三センチ砲連装四基、一〇・五センチ高角砲連装六基、三七ミリ機銃一二門、二〇ミリ機銃一二門、五三・三センチ魚雷発射管三連装四基、

重巡洋艦タリン。戦後のシュヴィーネムンデにて

カタパルト一基、水偵三基――とドイツ重巡時代の兵装をほぼそのまま受け継ぐ内容であった。

しかし、ドイツ陸軍は一九四〇年七月から対ソ戦の研究を開始し、十二月にはバルバロッサ計画が発動されており、本艦の工事についても、ドイツ側は艤装品の引き渡しをしだいに渋るようになって、工程は遅れがちとなった。

それでも一九四一年六月の独ソ開戦の直前までに、完成率は五一パーセントに達していたという。

開戦とドイツ側の支援中止により、重巡としての完成は断念せざるを得なかったが、前後の八インチ砲四門のほかに、三七ミリ機銃若干を搭載した本艦は、一種の浮き砲台として整備され、砲員も配置されて、一九四一年九月のレニングラード防衛戦に参加することになった。

この戦闘で、一番砲塔の一門はわずか二二発を発射したところで破裂して使いものにならなくなったが、残り三門で奮戦し、ドイツ軍にたいし一七〇〇発以上の砲弾を送りこんだという。九月十七日にドイツ軍の砲撃をうけて被弾浸水し、港口に着底した。のちに引き揚げられてクロンシュタットへ曳航修理されて戦線に復帰した。一九四四年九月にタリンと改名したが、これは戦艦マラートが一九四三年に旧名のペトロパブロフスクにもどしたことによるものであろう。

戦後、ソ連が捕獲した未成のザイドリッツとともに一時、練習巡洋艦への改造も検討されたが、結局は中止となり、一九六一年までに解体された。その後、艦名はドネップル、PIZ112と変遷したと伝えられている。

本艦は後述する「プロジェクト82」重巡設計のさいに参考とされ、その改良型としてスタートしたのが、この新重巡であった。ここでリュッツオウについて取得事情やその後を解説したのは、そのふくみがあったからである。

マラート級三隻の戦闘録

上述のようなしだいで、ソ連海軍は一九三〇年代末に数隻の戦艦、巡洋戦艦の新造を計画し、一部着工はしたものの、独ソ開戦によりいずれも建造中止となった。そのため、大戦に参加したのは、近代化改装を実施したガングート級戦艦三隻だけであった。

他に第一次大戦中に損傷擱座した同級のポルタワが近代化改装もほどこされず、形だけ残っていたが、結局、僚艦の部品取りに利用されただけで、戦艦として復帰することはなかった。

一九四四年にイギリスから戦艦一隻を貸与され、ソ連海軍は第二次大戦中に四隻の戦艦を保有することになった。これら四隻の大戦中の行動について、以下に紹介する。

ソ連海軍の戦艦出動は独ソ開戦前のフィンランド戦争にはじまる。スターリンは独ソ不可侵条約の勢力圏協定にもとづいて、バルト沿岸三国に圧力をくわえ、一九三九年九〜十月には相互援助協定をむすんで軍隊を進駐させ、事実上これを制圧した。

つづいてフィンランドにも触手をのばしたが、同国は抵抗して十一月末、ソ連軍はフィンランドに侵入した。これが第一次ソ連フィンランド戦争(冬戦争)である。

タリンを出撃した戦艦二隻をふくむソ連艦隊は十二月十八、十九日、フィンランドのコイビスト島ザーレンペー砲台にたいして主砲の砲撃をくわえた。十八日はオクチャブルスカヤ・レヴォルチヤと駆逐艦五隻、十九日はマラートと嚮導駆逐艦一隻、駆逐艦六隻、哨戒艇五隻、砲艦二隻がこれに参加したが、これはソ連海軍の戦艦として最初の実戦であった。砲撃は一九四〇年一月にも実施された。

一九四一年六月二十二日、ドイツ軍はソ連に侵入して、ソ連も第二次大戦に参入することになった。この時のソ連海軍の主要兵力は次のとおりである。

バルト海艦隊＝戦艦二隻、巡洋艦二隻、嚮導駆逐艦二隻、駆逐艦一九隻、潜水艦六五隻、哨戒艦艇七隻、敷設艦六隻、掃海艇三二隻、砲艦一隻、魚雷艇四八隻、航空機六五六機。

黒海艦隊＝戦艦一隻、巡洋艦二隻、旧式巡三隻、練習巡一隻、嚮導駆逐艦三隻、駆逐艦一三隻、潜水艦四七隻、哨戒艦艇二隻、掃海艇一五隻、魚雷艇八四隻、航空機六二五機。

北洋艦隊＝駆逐艦八隻、潜水艦一五隻、哨戒艦艇七隻、掃海艇二隻、魚雷艇二隻、砲艇一五隻、航空機一一六機。

このなかで、バルト海艦隊の戦艦はマラートとオクチャブルスカヤ・レヴォルチヤ、黒海艦隊の戦艦はパリスカヤ・コンムナである。以下、各艦ごとにその行動を示す。

◆マラート（ペトロパブロフスク）

一九四一年六月の開戦時、本艦はクロンシュタットにあり、レニングラード防衛に参加、進攻してくる敵軍に艦砲射撃を浴びせるため出撃しようとしたが、バルト海、とくにフィンランド湾一帯に敵が多数の機雷を敷設したので活動できなくなり、燃料の不足がさらに困難にさせた。

しかし、かぎられた範囲ではあったが陸上砲撃を実施、とくに九月九日、レニングラード南方に侵入してきたドイツ陸軍第一八軍に一二インチ砲の斉射を浴びせ、有効な打撃をあたえたという。

だが、その代償も大きかった。ドイツ軍は激しい砲撃と爆撃でこれに応じ、九月二十三日に急降下爆撃機が投じた一〇〇〇キロ爆弾二発がほぼ同時にクロンシュタット港の本艦の艦

浮き砲台として復帰したマラート

橋構造物を直撃して前部弾薬庫を爆発させた。これで艦橋、司令塔から前部煙突、船体右舷付近まで破壊され、艦長以下三二六名が戦死し、二番砲塔前方の艦首部分は破壊されて着底した。幸運にも水深は浅く、後部船体はほぼ水上にあり、後部主砲は約一ヵ月で射撃可能となった。後日引き揚げられて、後部艦橋に射撃指揮所をもうけ、無傷の三、四番砲塔を生かした浮き砲台となり、一九四二年秋までに二番砲塔も修理された。

使える一二センチ砲は陸揚げされ、対空用七六ミリ砲三門、三七ミリ機銃五門を装備、防水と防御はコンクリートで補強して、レニングラード防衛戦に復帰した。その後、被弾はしたが、致命傷とはならず、一九四三年五月に旧名のペトロパブロフスクにもどって戦闘をつづけ、一九四四年一月、ドイツ軍の包囲が解けるまでに一二インチ砲弾一九七一発を発射したと記録されている。

◆オクチャブルスカヤ・レヴォルチヤ（ガングート）

本艦は一九四一年六月にはタリンにあり、マラートとともにレニングラード防衛戦に従事した。機雷戦で活動を制約されたが、九月八日に巡洋艦キーロフとともにクラスノエ・セロおよびペテルゴフのドイツ軍集結地に砲撃を実施した。

本艦もマラート同様にドイツ軍の砲撃と爆撃をうけた。九月二十一日、クロンシュタットで爆弾三コが船体（二〇～三〇番フレーム間）に命中、主砲塔二基が電源をやられて砲撃不能となったが、残りの砲で陸上砲撃をつづけ、十月二十三日、オルジョニキーゼ工廠に入渠して修理をうけた。

その後、燃料不足から活動困難になり、一九四二年はじめにボイラーの一基を木材燃焼用に改造したという。同年一月には前部煙突付近の水線下に二二センチ砲弾を喫したが、使えるドックがなかったので、木製の潜函《ケーソン》を使って修理したという。これら応急策は、戦闘のためなら手段をえらばぬスラヴ魂を示すものであろう。

四月四日、本艦はふたたびドイツ機の爆撃をうけ、大型爆弾一、中型爆弾三が命中、さらに四月二十四日にも爆弾三をうけて損傷し、その修理に十一月まで活動を停止した。

本艦もこの頃に艦名を旧名ガングートに復しており、それは僚艦と同じ一九四三年五月頃ではないかと思われる。

レニングラード解放後も陸軍の支援砲撃を一九四四年六月までつづけ、その功により七月に赤旗賞が贈られた。

◆パリスカヤ・コンムナ（セヴァストーポリ）

外国誌に掲載された1941年11〜12月のセヴァストーポリ防御戦でドイツ軍陣地を砲撃するパリスカヤ・コンムナの想像図をもとに描く

ドイツ軍の陣地を砲撃するパリスカヤ・コンムナ

本艦は一九四一年六月、黒海のセヴァストーポリにあったが、十月末、ドイツ軍がクリミア半島に迫ってきたので、コーカシア沿岸の港へ撤退を命じられ、ノヴォロシスクへうつった。

十一月二十六日に同港を出撃し、二十八日にかけてクリミヤ半島のドイツおよびルーマニア軍基地に砲撃を実施し、一二インチ砲弾一四六発、四・七インチ砲弾二二九発を発射した。十二月二十九日、再度セヴァストーポリ南方に出動してドイツ軍基地に一二インチ砲弾一七九発、四・七インチ砲弾二六五発を打ち込み、三十一日、セヴァストーポリで負傷者一〇二五名を収容して帰途についた。

一九四二年一月五日、六日夜および十二日にもスタリイ・クリム、イシユモフカに砲撃を実施、十六日にドイツ機の爆撃をうけたが、至近弾ですんだ。二月二十六日〜二十八日には、ケルチ半島に進撃したソ連陸軍第四四軍を支援してフェオドシア、スタリイ・クリムに砲撃を、三月二十日〜二十二日にはフェオドシア地方に三〇〇発の斉射を浴びせた。

その後、本艦は修理と砲身磨耗のためポティへもどった。工事は四月二十一日に完了したが、主に敵の航空攻撃のため護衛にあたる駆逐艦多数がうしなわれ、本艦の出撃は危険と見られて、そのまま一九四四年十一月までポティにあった。この間、一九四三年五月に艦名をセヴァストーポリにもどし、一九四五年七月、上述の功績にたいし赤旗賞が授与されている。

バルト海でも黒海でも、ソ連戦艦の任務は陸軍に協力して支援砲撃を実施することであった。

⑨　近代化されたマラート級と貸与戦艦

対空兵装の充実を図る

第二次大戦中のマラート級戦艦について戦歴を紹介したが、その間の兵装の変遷について各艦ごとに解説する。

マラートは一九四〇年はじめのフィンランド冬戦争にさいし、対空兵装の近代化を実施した。従来、第三、第四主砲塔上に装備していた旧式な五五口径七・六センチ高角砲六基を、同口径で新式の34K（単装）に換装するとともに、連装の81K二基を後甲板下両舷に増備した。

その弾薬庫は、最後部一二センチ砲廓砲のビーム間に設置され、その位置の一二センチ砲は撤去された。その直後に六七・五口径三・七センチ高角砲六基が艦橋構造物前後に増備されたようだ。

その他、七・六ミリ・マキシム機銃多数が各所に配置され、航空兵装は撤去された。その結果、本艦の兵装は次のようになった。三〇・五センチ（五二口径）砲一二門、一二センチ（五〇口径）砲廓砲一四門、七・六センチ（五五口径）高角砲一〇門、三・七センチ（六七・五口径）高角砲六門、七・六ミリ機銃二六門、四五センチ魚雷発射管（水中）四門。

このとき、本艦は基準排水量二万四二三〇トン、満載排水量二万六七〇〇トンで、主缶は近代化改装時より一基減じて二二基となり、速力は二二・九ノットといくぶん低下した。

一九四一年九月に被爆大破し、浮揚修理して浮き砲台となった一九四二年秋の兵装は、三〇・五センチ砲九門、七・六センチ高角砲（34Ｋ）三門、三七ミリ高角砲（70Ｋ）五門、一二・七ミリ機銃（ＤＳｈＫおよびＤＫ型）五門であった。

55口径7・6センチ連装高角砲（34Ｋ）。毎分20発の射撃が可能で、最大射程1万4600メートル

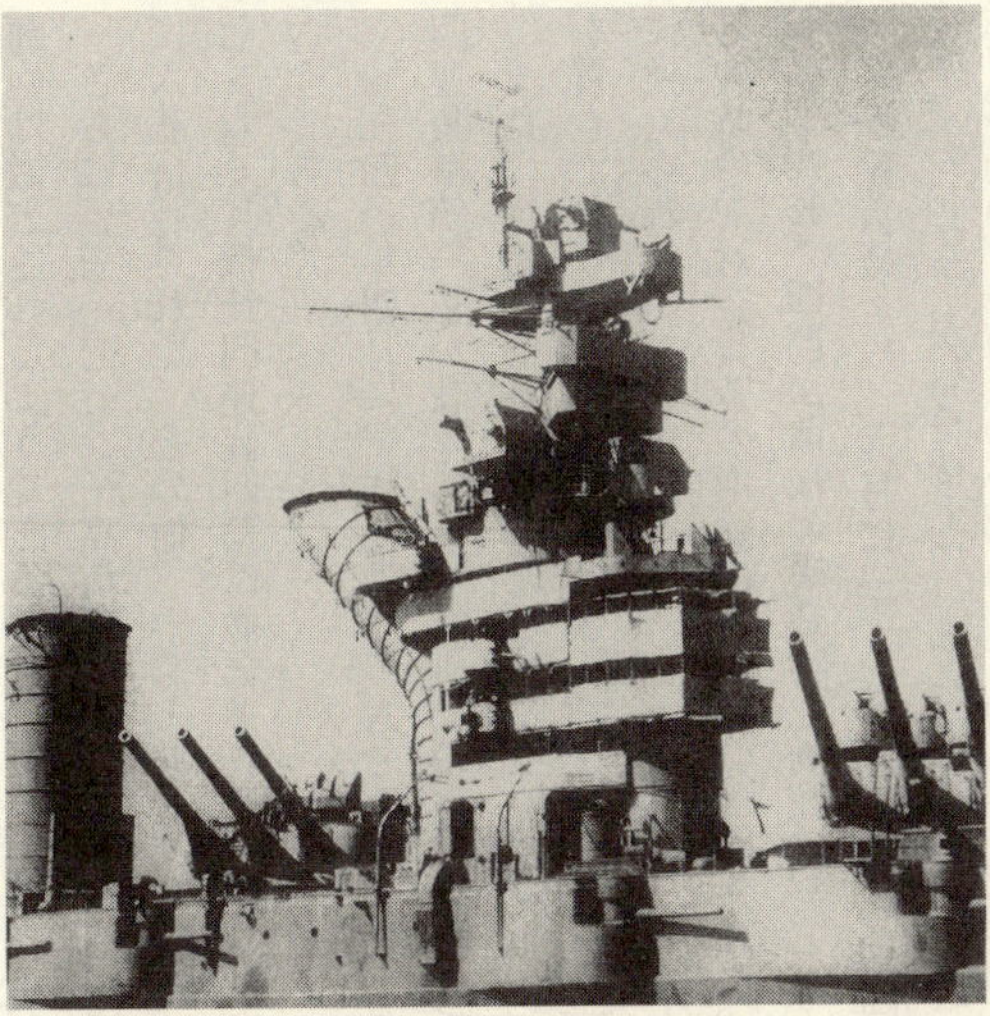

オクチャブルスカヤ・レヴォルチヤの前檣楼付近。1、2番砲塔、舷側の砲廓式12センチ砲、主砲塔上の7・6センチ高角砲、前檣トップのイギリス製279型対空レーダー、前檣上の3・7センチ高角砲や機銃も認められる。1944年改装後の状態

防御については被爆後、甲板上に港付近の岩壁から切りだした厚さ四〇～六〇ミリの花崗岩の石板を敷きつめ、船体は五七番フレームに補強隔壁をもうけたほか、隔壁間にコンクリートを充填して補強した。

オクチャブルスカヤ・レヴォルチヤはマラートとともに一九三九～四〇年のフィンランド冬戦争に参加後、ドック入りして修理と改装がほどこされたが、そのさいに旧式の七・六センチ高角砲二基（一、四番）を新式の34Kに換装した。

対空兵装については、一九四一年二、三月にクロンシュタットで修理のさいにさらに強化され、七・六センチ高角砲連装（81K）二基を後甲板下両舷に装備した。そのさい、その位置の一二センチ砲

廓砲は撤去されたようである。

さらに、三・七センチ高角砲（70K）一二門が二、三番砲塔上に各三基、前後の構造物上に六基搭載された。その他、一二・七ミリ機銃連装四基、単装四基が増備され、構造物上の七・六ミリ機銃四連装四基は撤去されたが、これは上述の三・七センチ高角砲に換装されたようである。

一九四一年四月に、艦尾の七・六センチ連装高角砲後方に英ヴィッカーズ製一二・七ミリ四連装機銃二基が設置され、前檣上の高射装置も新式のものに換装された。

また、後檣にもうけられた巨大なクレーンは、三番砲塔の後方射界を阻害して乗員の不評を買っており、このさい撤去されて、ドイツから購入した未成重巡リュッツオゥのクレーンに換えられた。

戦時中、対空兵装の増強はさらにつづけられた。一九四二年二〜三月に、三・七センチ高角砲（70K）四門が前後の構造物上両舷に、三月〜四月に七・六センチ高角砲連装（81K）一基が船首楼上に、九月に三・七センチ高角砲四連装一基（これは当初建造中の新戦艦に搭載予定の46K）が船首楼上に、それぞれ装備された。

なお、一二・七ミリ機銃二門は前檣上に移設された。新造時からの魚雷発射管（水中式）は依然として保持されていた。

一九四四年にイギリスから導入した279型対空レーダーが本艦前檣上に装備され、ようやく近代戦艦らしい艦容となった。

このとき、本艦（基準排水量二万五四六四トン、速力二二・四八ノット）の兵装は次のとおりであった。

三〇・五センチ砲一二門、一二センチ砲廓砲一〇門、七・六センチ高角砲一二門、三・七センチ高角砲二〇門、一二・七ミリ機銃（DShK型）一二門、一二・七ミリ機銃（ヴィッカース式）四連装二基（八門）、四五センチ魚雷発射管四門（魚雷一六）。

砲廓式の一二センチ砲についてはミステリーがある。一九四一年九月に四門が陸揚げされ、一九四四年当時には一〇門装備となっているのに、戦後の本艦の写真では一二門装備しているものがあるのだ。

考えられる説明は、陸揚げが撤去ではなく、一時的であったということだが、実戦上ほとんど役に立たないこの旧式砲に、それほど固執する理由は何であろうか。

戦時中の防御については、一九四二年に前檣上の対空砲座にスプリンター防御がほどこされ、上甲板上の一部に九〇～一一〇ミリの装甲が付加され、一〇八四トンの重量が増加した。

パリスカヤ・コンムナも戦時中、対空兵装の強化がおこなわれた。一九四一年六月、独ソ開戦の直前に、本艦は一二センチ砲廓砲四門を撤去され、七・六センチ高角砲六門と一三・二ミリ機銃一六門が装備された。

戦時中に、さらに七・六センチ高角砲六門、三・七センチ高角砲一二門、一二・七ミリ機銃一四門が増備され、イギリス式の290／291型対空レーダーが前檣上に装備された。一二センチ砲廓砲一二門は、四五センチ魚雷発射管四門とともに、戦後まで保持していた。

プロジェクト27の青写真

驚くべきことに、大破着底して浮き砲台となったマラートを、戦時中に戦艦として再建しようという計画があった。

「プロジェクト27」と呼ばれるもので、「ペトロパブロフスクの再建案」と題しているから、一九四三年五月の改名後にまとめられたのであろう。

破壊された艦首や資材は、同型艦で部品取りに利用されていたフルンゼ（旧名ポルタワ）のものをもちい、前檣楼などは新造して、主砲は可動な三基を生かして、もとの三番砲塔を一番砲位置に移動させようとの計画であり、その計画要目は次のとおりであった。

排水量（基準？）二万七二〇〇トン、全長一八五・〇メートル、幅二六・九メートル、吃水九・六メートル。

兵装三〇・五センチ砲三連装三基（九門）、一三センチ砲連装八基（一六門）、八・五センチ高角砲連装六基（一二門）、三・七センチ高角砲連装一五基（三〇門）。防御は砲塔天蓋一五〇ミリ、司令塔天蓋一九五ミリ以外は竣工時とおなじ。

主機パーソンズ式直結タービン四基（四軸）。主缶ヤロー式混焼水管缶一六基、出力六万一〇〇〇馬力、速力二三ノット、航続力二六〇〇海里（速力不明）。乗員一七三〇名。甲板防御を増してバルジをもうけ、排水量は三万トンに増加することも考えられたらしいが、戦時中はプランのままで、それ以上にすすむことはなかった。

しかし戦後になって、この再建案はあらためて検討され、前檣上の射撃指揮装置を建造中止となったソヴィエツキー・ソユーズ級やクロンシュタット級用に計画されたKDP－8式類似のものとなった。

一三センチ砲のそれも、スコーリー級駆逐艦に似た四・五メートル測距儀付きのものにあらためるなど、新式化が採りいれられ、煙突も太い一本に集約されている。

なお、五二口径八・五センチ高角砲は一九四三年採用の新式のもので、連装の92Kは仰角八五度、毎分一五～一八発の発射が可能であった。

海軍総司令官のクズネツォフは、さすがにこの時代遅れの計画進行に気づいて、一九四六年十月に「プロジェクト27」の中止をすすめ、一九四八年六月に正式に中止となった。次頁の側面図は戦後にまとめられた「プロジェクト27」の一案である。

ソ連へ渡ったイギリス艦

一九四三年九月、イタリアが連合軍に降伏すると、ソ連政府は連合軍の管理下にあるその艦艇の三分の一を分配するように要求してきた。しかし、まだ戦争の最中であり、応じられ

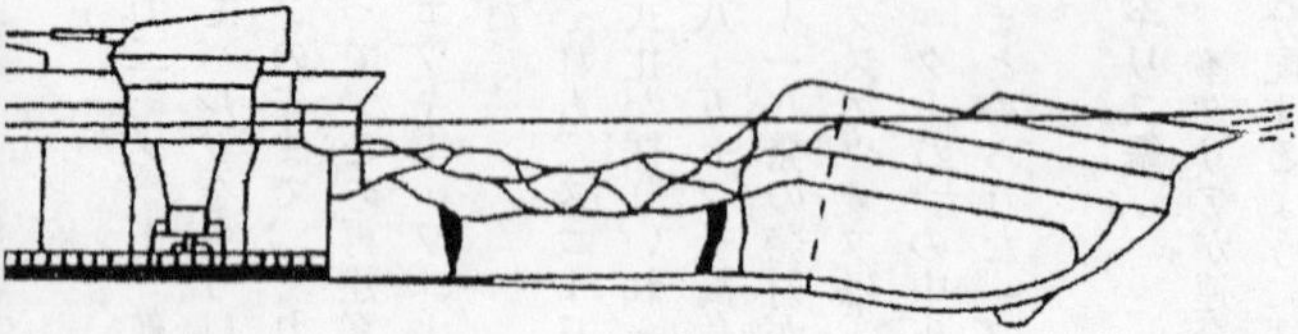

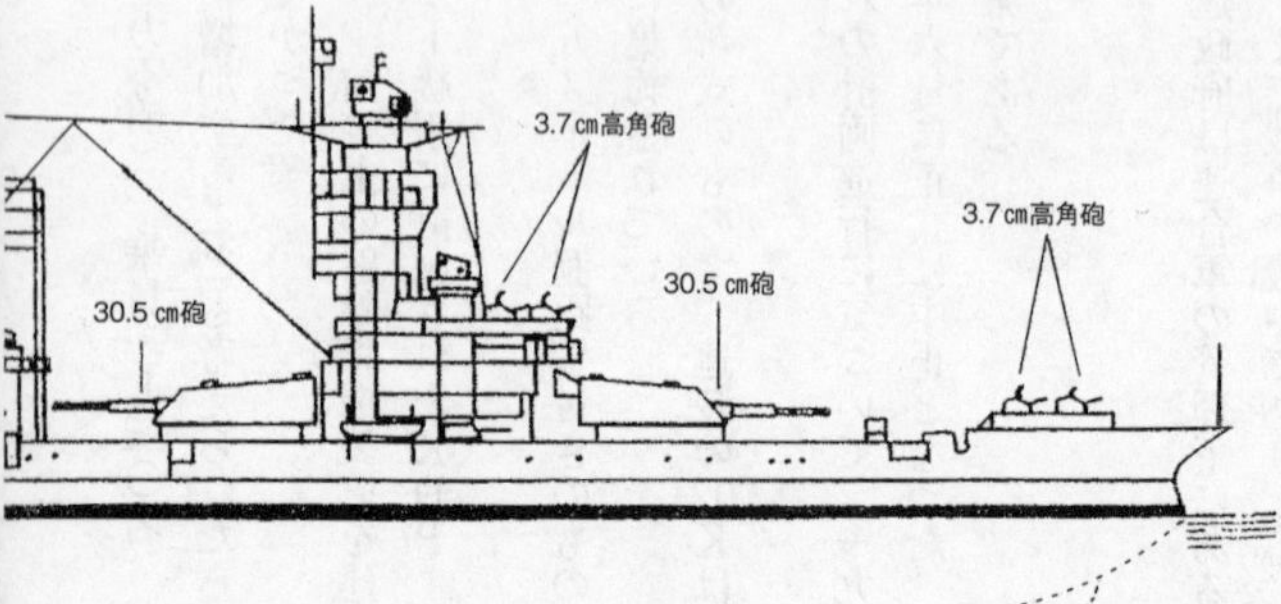
3.7㎝高角砲
30.5㎝砲
30.5㎝砲
3.7㎝高角砲

1941年9月、ドイツ軍機の爆撃で大破
着底した戦艦マラートの艦内断面図

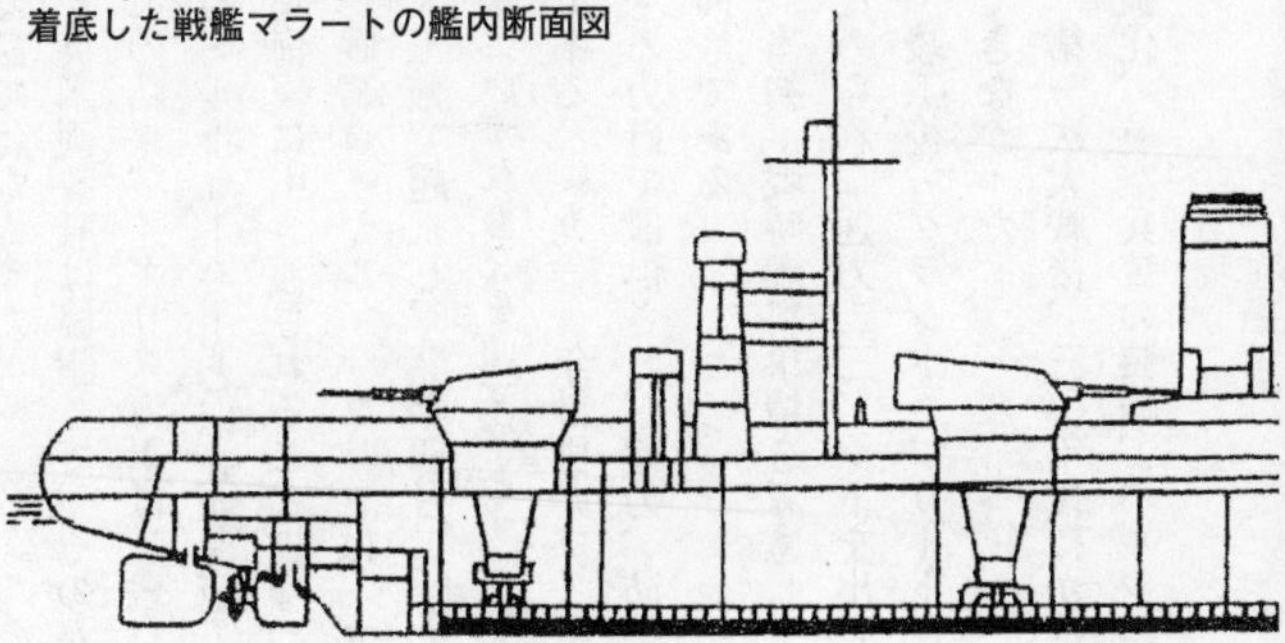

「プロジェクト27」によるペトロパブロフスクの再建案のひとつ
戦後のデザインで、艦首はフルンゼのものを利用する計
画であった。兵装30.5㎝3連装砲×3、13㎝連装高角
砲×8、8.5㎝連装高角砲×6、3.7㎝連装高角砲×30

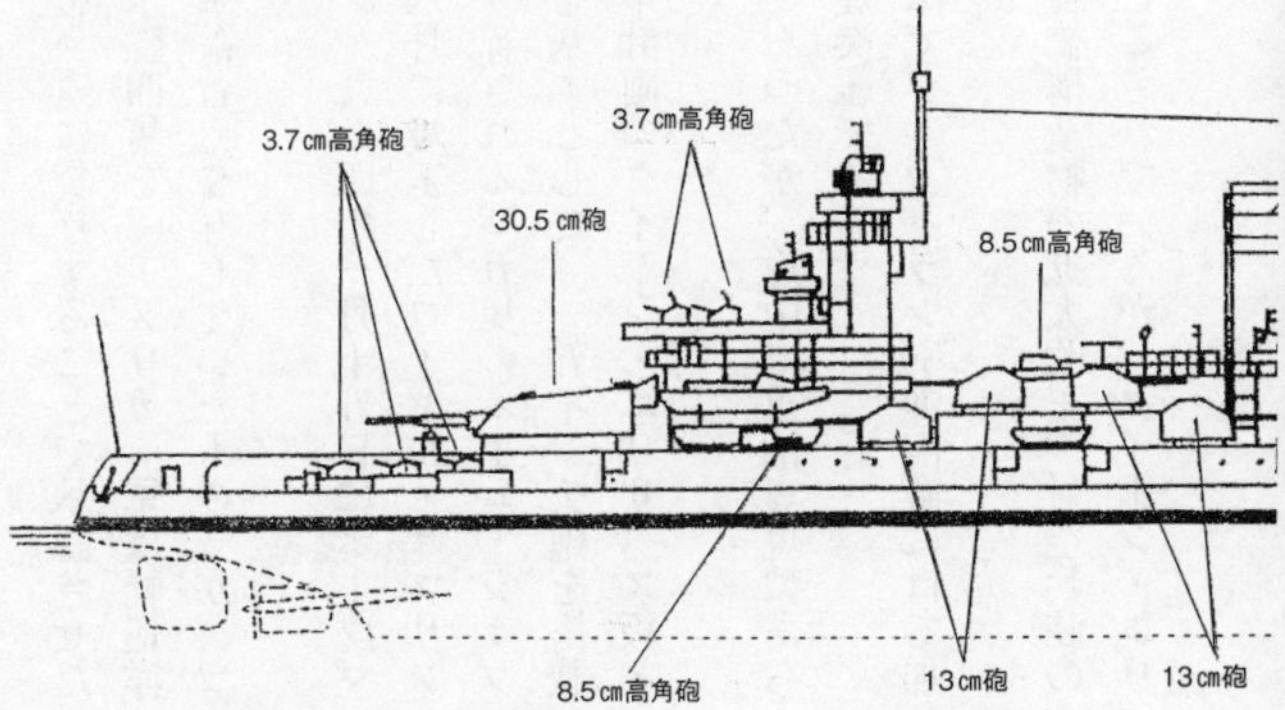

る話ではなかった。

英米両政府は協議して、そのかわりに両国海軍の艦艇をソ連に貸与することで承認させた。この結果、イギリス海軍は戦艦ロイヤル・サブリンと潜水艦四隻を、アメリカ海軍は軽巡洋艦ミルウォーキーと旧式駆逐艦九隻（武器貸与法により英海軍に貸与していたもの）が、ソ連海軍に引き渡されることになった。

戦艦ロイヤル・サブリンは一九一三年計画で建造され、一九一四年一月十五日にポーツマス工廠で起工し、翌年四月二十九日に進水、一九一六年八月に竣工したロイヤル・サブリン級（いずれもRを頭文字とする艦名がつけられたのでR級と称される）五隻のネーム・シップである。一九一一年計画のアイアン・デューク級の船体を基本として、一五インチ砲を搭載する方針で設計され、砲力、防御力、航続力は一九一二年計画のクイーン・エリザベス級と同等である。

当初、戦時燃料事情を考慮して石炭・石油混焼の計画であったが、途中で重油専焼にあらためられ、速力二三ノットを出した。英戦艦で最初の単煙突艦である。

竣工後、グランド・フリートに配属されたが、機関故障でジュットランド沖海戦には参加できなかった。

第一次大戦後、三〇年代にかけて射撃指揮所の改正、艦橋構造物の拡大改正、対空兵装の強化、航空兵装の装備、バルジの装着などの諸工事がほどこされているが、クイーン・エリ

戦艦アルハンゲルスク

ザベス級の一部に実施されたような近代化大改装がほどこされなかったのは、船体中央部のスペース不足と復原性にあったといわれる。一九三九年、煙突にファンネル・キャップを付加した。

開戦時、本艦は本国艦隊第二戦艦戦隊にあり、一九四〇年六月、ダンケルク撤退時の人員輸送に従事、七月から地中海で船団護衛に従事した。

一九四二年三月、東洋艦隊に編入され、セイロン島に派遣されたが、四月、日本軍進攻の情報により南方のアッズ島に避退し、その後、東アフリカへうつって付近の船団護衛に従事していた。一九四二～四三年にアメリカのフィラデルフィア工廠で修理をうけ、二〇ミリ機銃増備やレーダー付加が実施され、一九四三年十一月の帰国後は、兵員不足から予備艦状態になっていた。

そのような本艦は、旧式低速ではあっても、マラート級より強力な戦艦であり、ソ連貸与に適当と判断されたのであろう。本艦はニューキャッスルへ回航され、一九四四年五月三十日、ソ連から派遣されたレフチェンコ大将以下の海軍将兵に引き渡されて、アルハンゲルスクと改名し、赤い星の軍艦旗を掲げた。

スカパ・フローで二ヵ月半の訓練をへて、八月十七日に本艦は、おなじくソ連貸与となった八隻の米旧式駆逐艦（フォー・スタッカー）とともに、ムルマンスクへの旅にのぼったのである。そのさい、ＪＷ59船団と同行して護衛をつとめたので、同船団は一隻の被害もなかった。

引き渡し当時の本艦の要目は、次のとおりであった。

軽荷排水量二万九九五〇トン、満載排水量三万四八三六トン、全長一八八・九七メートル、幅三一・〇八メートル、最大吃水一〇・六九メートル。

主機パーソンズ式直結タービン四基（四軸）、バブコック&ウィルコックス式重油専焼缶一八基、出力四万馬力、速力二〇・五ノット、燃料搭載量三二二〇トン、航続距離一二ノット―四二六〇海里。装甲（最大）主甲帯三三〇ミリ、甲板一〇二ミリ、主砲塔三三〇ミリ、司令塔二七九ミリ。

兵装一五インチ（四二口径）連装四基、六インチ砲八門、四インチ高角砲八門、四〇ミリ機銃二四門、二〇ミリ機銃四二門。乗員一二三〇名。

電子兵装として水上用２７３型、対空用２７９型、主砲射撃指揮用２８４Ｂ型、水上射撃指揮用２８５ａ型、対空射撃指揮用２８１型各レーダーが装備されていた。これらはソ連技

独ミニ潜水艇ビーバー

術者により研究され、自国レーダー発達に役立てたといわれる。引き渡し後、ソ連国内でほどこされた工事は、北極海作戦参加のため、艦内暖房設備の改良であった。

アルハンゲルスクは一九四四年八月二十九日に北洋艦隊に編入され、コラ湾に在泊した。しかし、その存在は同方面のドイツ軍の知るところとなり、同艦を目標として攻撃が開始された。九月にドイツ潜水艦U315とU313による二度の雷撃がなされたが、いずれも失敗した。一九四五年一月にはU295、U716、U739による一人乗りミニ潜水艇ビーバーをもちいた戦艦攻撃も実施されたが、艇自体に技術的問題があり、成功しなかった。

ドイツ側の同艦撃沈宣伝は誤報ではあったが、集中攻撃の目標とされたために、本艦はコラ湾に閉じこめられたまま、活動できずに終戦を迎えることになった。せっかくの貸与戦艦も敵をひきつけた以外、ほとんど役立たずに終わったのである。

戦後もソ連は、同艦の返還を引き延ばそうとしたが、イギリス首相チャーチルがこれを下院の議題に採りあげるなど、問題が大きくなってきたので、一九四九年二月四日にようやく返還した。そのとき、本艦は修理もされないひどい状態であったという。

一九四九年四月五日に売却され、五月十八日にインヴァーケイシングへ回航されて解体された。イギリス海軍では、船団護衛ていどにしか使えぬ低速の二流戦艦であったが、ソ連海軍では、レーダー完備の一五インチ巨砲をそなえた貴重な戦艦として重んじられ、手放しがたかったようである。

⑩ イタリアからの賠償戦艦

戦利艦の魅力

一九四五年に第二次大戦がおわり、戦勝国となったソ連は、戦中、戦後に接収したものに、戦後に賠償のかたちで受領したものもくわえて、かなりの艦艇を取得して、海軍兵力を増強させた。それは日本、ドイツ、イタリア、ルーマニア、ブルガリア、フィンランド、満州国の七ヵ国におよぶ。

なかでも、日、独、伊三国から得た艦には、性能的にも優秀な艦がふくまれていて、量質ともに資するところは多かった。

そのうちわけを艦種別に記すと、日本は駆逐艦六隻、水雷艇一隻、海防艦一七隻、輸送艦二隻、掃海艇一隻、駆潜艇一隻、敷設艇一隻、敷設特務艇一隻、掃海特務艇三隻、給糧艦一隻の計三四隻が賠償として一九四七年に引き渡されている。

ドイツは軽巡洋艦一隻、駆逐艦四隻、水雷艇六隻、潜水艦一〇隻、艦隊掃海艇四四隻、護衛艦一隻、魚雷艇三〇隻、機動掃海艇五六隻、特設艦艇（旧漁船）一四七隻、揚陸用および軽船艇一〇五隻が一九四七年に賠償として引き渡されたほか、空母（未成）一隻、重巡（未成）一隻、潜水艦二四隻（損傷放置状態のもの）などを直接接収している。

それ以外にも、大破着底している大型戦闘艦を引き揚げて復旧させようとしたが、損傷ていどがひどく、結局、標的として沈めた例もいくつかあったらしい。そのさい、空母グラーフ・ツェッペリンのように、構造などをよく調査して、自国の空母建造に役立てようとしたものもふくまれていた。

イタリアからは戦艦一隻、軽巡洋艦一隻、駆逐艦二隻、水雷艇三隻、潜水艦二隻（他に損傷潜水艦四隻接収）、魚雷艇一〇隻、沿岸警備艇三隻、揚陸艦艇三隻、補助艦艇一九隻を一九四九〜五〇年に賠償として受領している。

このなかでは、戦艦を得たことが最大の収穫であった。もっとも、ソ連側は新鋭戦艦のイタリア級を望んでいたようだが、それは英米両国から断わられ、代わりにあたえられたのが、自国のセヴァストーポリと同時期に竣工したジュリオ・チェザーレであったので、ソ連側はかなり失望したらしい。

というのも、このときソ連海軍は戦艦の新造をひそかに計画しており、そのためにも最新戦艦が欲しかったのであろう。しかし、ジュリオ・チェザーレは、一九三〇年代に近代化改

伊戦艦ジュリオ・チェザーレ

装を実施して、艦容も性能も一新した近代戦艦に生まれかわっており、三〇年代のマラート級の近代化とは内容的にもかくだんの開きがあった。

ソ連海軍としては、未知の最新技術が数多くもりこまれており、レーダー以外はアルハンゲルスクよりはるかに優れた技術がほどこされていた。

ジュリオ・チェザーレは、イタリア海軍の一九一〇年度計画で建造されたコンテ・ディ・カブール級三隻の二番艦として、一九一〇年六月二十六日にアンサルド社ジェノヴァ造船所で起工、翌年十月十五日に進水、一九一四年五月十四日に竣工した。

同海軍最初のド級艦であるダンテ・アリギエーリの改良型で、主砲の強化と艦首尾方向の射撃を重視し、四六口径三〇・五センチ三連装砲と連装砲を混載装備して、三連三基、連装二基により砲数は一三門に達した。

当時の要目は常備排水量二万三一九三トン、上記主砲のほかに砲廓式の七・六センチ砲一三門と四五センチ水中魚雷発射管三門を装備、主機パーソンズ式直結タービン三基（四軸）により、速力二一・五ノットを出した。

第一次大戦中、三番艦のレオナルド・ダ・ヴィンチは一九一六年八月二日、タラント湾内で弾薬庫の爆発により転覆沈没し、のちに浮揚されたが、一九二一年に除籍のうえ解体された。

残る二隻は、一九三三〜三七年に近代化大改装が実施された。その内容は、船体艦首部の延長、前後部主砲塔の砲口径の三二センチへの拡大と中央部主砲塔の撤去、砲塔式副砲への換装と対空兵装の装備、魚雷兵装の廃止、主機主缶の換装など、広範囲におよんだ。

その結果、基準排水量二万八四四五トン（チェザーレ）、四三・八口径三二センチ砲一〇門、一二センチ砲一二門、一〇センチ高角砲八門などを装備、速力二八ノットの中型高速戦艦へと大変身をとげることになり、艦容も一変した。

したがって、この時点で改装後のマラート級とは比較にならぬほどの近代戦艦に生まれかわっていたのである。

主砲の装備数は一三門から一〇門に減っているが、口径を三〇・五センチから三二センチに削正し、A内筒などの交換、仰角引き上げにより、弾丸重量は四五二キロから五二五キロに増し、最大射程は二万四〇〇〇メートルから二万八六〇〇メートルに延伸されて、砲の攻撃力は増大した。

チェザーレの航跡図

一九四〇年六月の開戦時、本艦はカブールとともに第一艦隊第五戦隊を編成し、タラントにあった。七月九日、両艦はリビアへの船団支援を終えての帰途、アレクサンドリアを出撃してきたイギリス艦隊と遭遇し、プンタ・ステロ沖（カラブリア沖）海戦の幕があがった。イギリス艦隊には戦艦三隻があり、戦艦同士の砲戦となったが、チェザーレはウォースパイトの三八センチ砲弾を煙突後方にうけて下甲板が火災となり、ボイラーの一部停止により速力は一九ノットに低下した。

イタリア艦隊は煙幕を展張して避退し、イギリス艦隊も駆逐艦の雷撃をおそれて追撃をせず、海戦は短時間で終了した。修理後、二隻は九月に二回出撃したが、会敵しなかった。

十一月十二日夜、タラントに在泊中のイタリア戦艦陣をイギリス空母イラストリアスの攻撃機が奇襲し、カブールは大破着底、他の二隻も損害をうけたが、チェザーレは被害がなかった。

十一月二十七日、本艦は戦艦ヴィットリオ・ヴェネトや駆逐艦とともにサルデニヤ島テウラーダ岬沖でイギリスの護衛船団を攻撃して、重巡ベリックに一弾を命中させた。イギリス艦上機からの攻撃もうけたが、イタリア戦艦に被害はなかった。

一九四一年一月八日、ナポリ在泊中のチェザーレはイギリス空軍のウエリントン重爆撃機の爆撃をうけ、至近弾により右舷機械室に浸水したが、大損害にはならなかった。これにはプリエーゼ式防御装置の効果があったという。

二月、修理を終えて九日、ボニファシオ海峡西方へマルタ向け護衛船団狩りに出撃したが、遭遇できなかった。暮れにタラントへ戻り、十二月十七日、チェザーレは北アフリカ向け船団を支援中に、ベンガジ北西でイギリス船団護衛中の巡洋艦、駆逐艦部隊と交戦し、これを撃退(第一次シルチ海戦)して、イタリア戦艦の威力を示すことができた。

一九四二年一月にはいり、チェザーレは艦内の隔壁配置の欠陥が明らかとなり、燃料備蓄の不足もあって、その活動は停止せざるを得なくなり、一九四二年暮れまでタラントに係留された。

燃料事情は深刻で、艦隊の出動は制限され、燃料を食う戦艦は港内に足どめ状態となり、本艦をはじめとして改装戦艦は、つぎつぎと解役され、乗員は必要度の高い護衛艦艇に転用された。一時、可動状態にあるのは新鋭のヴィットリオ・ヴェネト級だけとなった。

一九四二年末、チェザーレはポーラに回航され、訓練用の宿泊艦となり、この状態で一九四三年九月のイタリア降伏の日を迎えることになった。

連合軍から、可動状態にあるイタリア艦艇は連合軍基地に向かうよう命じられ、回航途上の新鋭戦艦ローマがドイツ空軍に襲われて撃沈される一幕も生じた。チェザーレは管理にあたっていた少数の乗員により、九月九日、単独でタラントへ向かった。

途上、ドイツ空軍機五機の爆撃をうけたが、無事に切りぬけて十一日、タラントに入港、

1950年、セヴァストーポリ軍港における戦艦ノヴォロシースク

燃料を補給のうえ、翌日、マルタへの回航をはたすことができた。

本艦はそのまま一九四四年六月までマルタに係留され、同月十七日にタラントへ回航、一九四五年八月の第二次大戦終了まで同港にあった。なおイタリアの降伏後、イタリア海軍は連合軍の指揮下にはいって、作戦協力をしたが、戦艦は除外されたので、活動したのは巡洋艦以下の諸艦艇であった。

一九四七年、イタリアと連合国間で平和条約が締結され、チェザーレは賠償艦としてソ連への引き渡しが決定した。一九四八年十二月九日に本艦はアウグスタへ回航され、十五日にイタリア艦籍からのぞかれ、Z11と改名された。

パレルモ（アウグスタともいわれる）でかんたんなオーバーホールののち、アルバニアのブローレに回航され、一九四九年二月六日にソ連側に引き渡されて、ノヴォロシースクと改名された。なお、この回航時、本艦はイタリア商船旗を掲げていたという。

引き渡し時の本艦の要目は次のとおりであった。

基準排水量二万六一四〇トン、満載排水量二万八八〇〇トン、全長一八六・三八メートル、幅二八・六メートル、吃水一〇・四二メートル。

主機ベルッゾ式ギヤード・タービン二基（二軸）、ヤーロー式重油専焼水缶八基、出力七万五〇〇〇馬力、速力二七ノット（計画）、燃料搭載量二二九一トン、航続距離一三ノット―六四〇〇海里。装甲（最大）主甲帯二五〇ミリ、甲板一三五ミリ、主砲塔二四〇ミリ、司令塔二六〇ミリ。

兵装三二センチ（四三・八口径）三連装二基、連装二基（一〇門）、一二センチ砲一二門、一〇センチ高角砲八門、三七ミリ機銃一二門、二〇ミリ機銃一六門。乗員一二二六名。

なお、ソ連海軍は回航要員に、後述する当時計画中の大型艦乗員として訓練中の将兵を派遣したといわれる。引き渡し日は、ソ連がイギリスにロイヤル・サブリンを返還した二日後であった。

本艦が正式にソ連海軍艦籍にはいったのは一九四九年二月二十四日、おなじく艦名をノヴォロシースク（黒海カフカス沿岸の港名）としたのは五月五日―と記録されている。本艦はソ連海軍が得た最後の戦艦であった。五月十二日から六月十八日までセヴァストーポリで入渠、修理整備されて、同艦は黒海艦隊の新主力となったのである。

「69AV」型空母建造案

欧州で連合軍が進撃をつづけ、大戦の前途も見えてきた一九四五年一月、ソ連海軍ではクズネツォフ総司令官の指令により、いくつかの特別委員会が編成された。その任務は、将来海軍が必要とする艦艇を総合的に調査することにあり、その一つに空母委員会があった。

それまでに、海軍内部でいくたびか空母の建造が検討され、試案も作成されたが、承認はされなかった。

それは、大陸国で陸軍が国防兵力の主力であり、革命騒動による技術的な遅れや、亡命、粛清による人材の不足など、さまざまな要素が介在していた。しかし、スターリンが空母の必要性を認めなかったことが、大きな要因となっていた。

第二次大戦中の日米英諸国の空母の活躍をみれば、将来の海軍にとって空母が不可欠の戦力であることは明らかであり、強力な空軍といえども、洋上遠く離れれば、その威力は低下せざるを得ない。

空母委員会は、北洋、バルト海、黒海、太平洋いずれの艦隊にも空母は必要であると結論して、空母にかんする戦術、技術要求をまとめ、米英海軍への調査団の派遣やリバティ型貨物船の練習空母改造や、アメリカ海軍からの空母貸与や購入までも提案した報告書を作成した。

しかし、イサコフ海軍副総司令官は「ソ連海軍がドイツ海軍と戦うのに空母が必要ないことはアメリカ海軍は承知しており、売却や貸与の見込みはない」として、これに応じなかった。

それでも海軍の進歩派は、空母をなんとか保有したいと考え、未成大型艦の空母改造を考えた。第一はドイツから入手した未成空母グラーフ・ツェッペリンの完成であり、これを練習空母ないし実験空母として改造しようとするもので、造船省と交渉して同意を得ることができた。

第二は、おなじくドイツから得た未成重巡ザイドリッツの空母改造案であるが、本艦は海軍総司令部が重巡として完成させることにこだわり、すんなりとはいかなかった。しかも調べてみると、二隻とも損害が大きく、カタパルト等の搭載品も爆破されており、空母完成はあきらめざるを得なかった。

ザイドリッツはドイツ海軍でも空母改造を検討しており、艦自体にその可能性はあったのである。

第三は、戦時中に建造中止となった重巡クロンシュタットの空母改造であった。ソ連海軍は一九二五年に未成巡戦イズマイルの空母改造を提案し、政府も承認したが、予算と資材不足で中止となった経緯があり、巡洋戦艦（重巡）が空母改造に適していることは十分に了解していた。

一九四五年四月、海軍科学技術委員会は艦政局に、未成の69型巡洋艦クロンシュタットを「69ＡＶ」型空母として改造するよう提案したが、その計画要目は次のとおりであった。

基準排水量三万二〇〇〇トン、満載排水量三万八六八〇トン、全長二四〇・〇メートル、幅二九・四メートル、吃水二九・四メートル。

主機ギヤード・タービン三基（三軸）、主缶一二基、出力二一万馬力、速力三二・〇ノット、航続距離一八ノット―六九〇〇海里。

装甲（最大）舷側二二〇ミリ、格納庫三〇ミリ、中甲板九〇ミリ、飛行甲板五〇ミリ。

兵装一三センチ砲連装八基、四五ミリ砲連装八基、二五ミリ機銃連装一六基。搭載機七六機、飛行甲板二六〇メートル×二五メートル、格納庫二段、エレベーター三基、カタパルト二基。

搭載機種は不明だが、空母委員会は搭載機としてＹａｋ９Ｋ型戦闘機（艦上機型）を提案しており、本機の採用を予定していたと思われる。

艦政局はこれを認めなかったが、重巡を空母に変更することをスターリンが承知するわけがないことを知っていたからであろう。空母委員会は三月に最終報告書を海軍総司令部に送ったが、一九四六～五五年の建艦計画に空母はふくまれなかった。

そのときスターリンは、こう主張した。

「重巡は海洋における通商破壊手段として有効であるが、空母は帝国主義の攻撃兵器であ

建造中止となった重巡クロンシュタットの空母改造案。
満載排水量３万8680トン。搭載機としてYak9を予定した

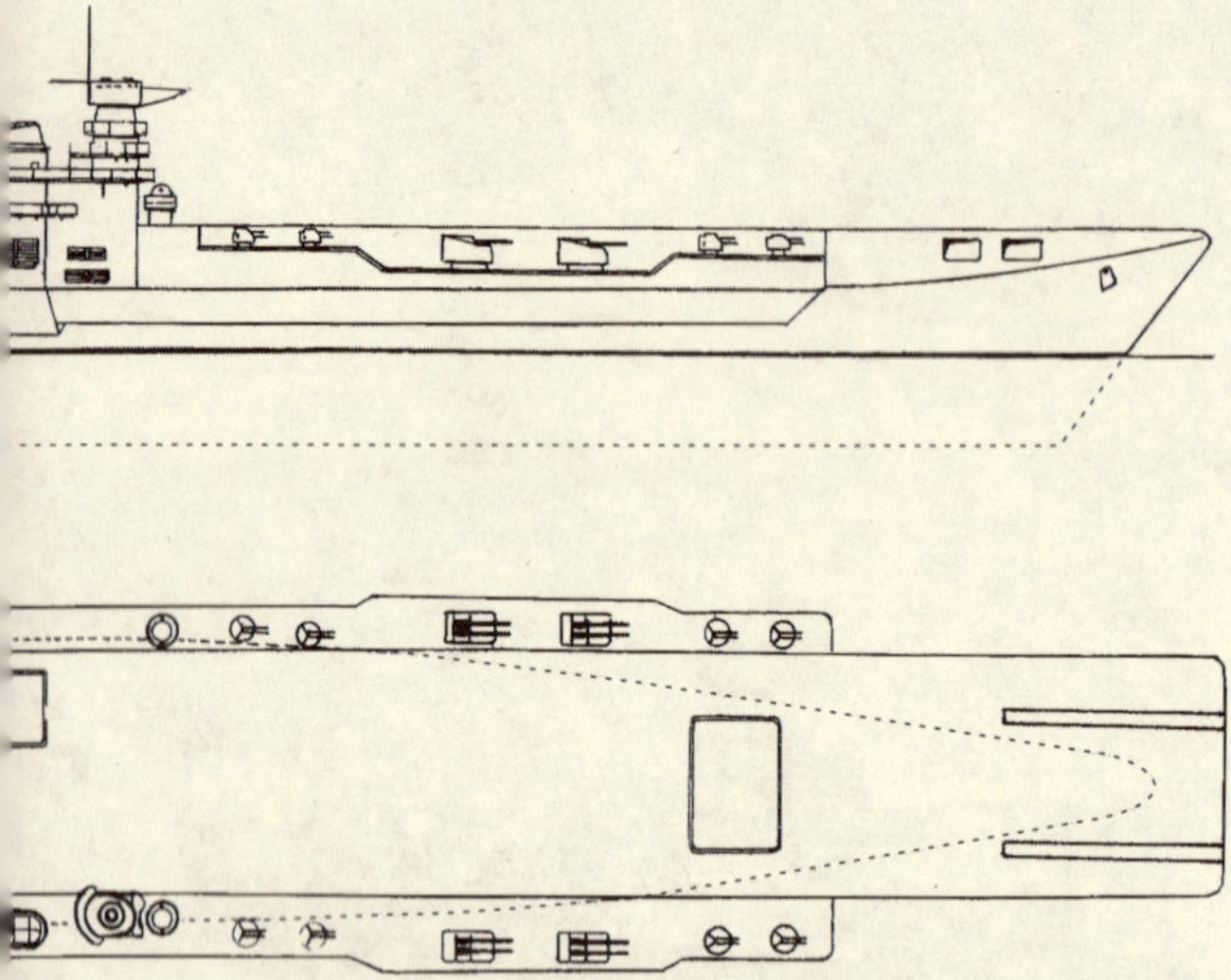

重巡洋艦クロンシュタットの空母改造の予想図
飛行甲板前部に２基のカタパルトを装備する

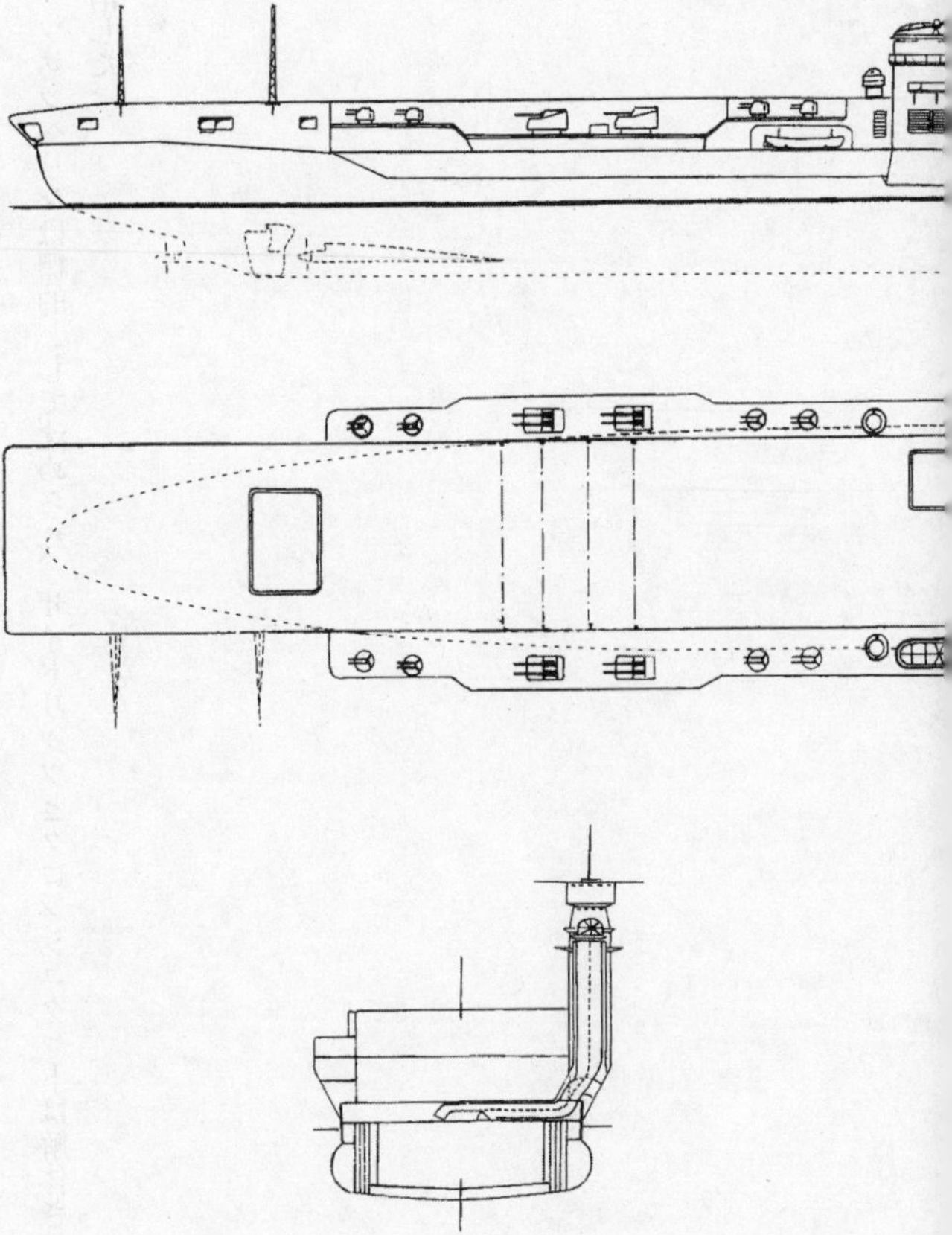

る」

結局、ツェッペリンは標的として沈められ、ザイドリッツとクロンシュタットは解体されて姿を消した。

⑪ ノヴォロシースクの爆沈と独ソ旧戦艦の最期

賠償戦艦の非運

ソ連海軍の新主力となった戦艦ノヴォロシースクは移籍後、若干の改修がほどこされた。レーダー兵装は一九五三年に最新のものに改装され、一〇センチ高角砲以下のイタリア製対空火器はすべて撤去されて、ソ連製三・七センチ高角砲一八門に換装された。連装砲（BⅡ）六基は前部主砲群間両舷に各一基、船体、中央部煙突ふきん両舷に各二基が装備され、単装砲（70K）六基は二、三番砲塔上ならびに艦橋両翼に各二基が配備された。

これにともなって射撃装置もソ連式にあらためられている。また、動かなくなったディーゼル発電機一基も換装され、こうした諸改装で排水量は約一三〇トン増加して、復原力はいくぶん減少し、GM値（メタセンター高さ）は一・四メートルとなっていた。

一九五五年十月二十八日夕刻、その日の訓練を終えたノヴォロシースクはセヴァストーポリに帰港し投錨した。深夜、二十九日午前一時三十分に一番砲塔右舷、三五〜四〇番フレーム付近の水線下で大爆発が生じ、その衝撃は全艦を震動させた。約一五〇平方メートルにおよぶ大破孔から大量の海水が奔入して、二三番から五〇番フレームまでの区画を満たし、破壊された隔壁から前部弾薬庫にも浸水した。すぐに海水は六七番フレームまでひろがり、その総量は約三五〇〇トンに達した。

浸水区画は七番から六七番フレームにまでおよび、艦首は沈下し、船体は右舷に二、三度かたむいた。

爆発の衝撃は艦内の通信や照明、ダメージ・コントロール機能も麻痺させ、熟練士官の不足もあって艦内は数分の混乱を生じたが、すぐに右舷の燃料を排出させ、爆発二、三〇分後には艦の傾斜を正常な位置にもどすことができた。

しかし、約五〇分後に水没した船首楼甲板で第二の爆発がおこり、浸水はふたたび増して艦は左舷にかたむきはじめた。午前二時頃に沈没を防ぐため、艦は浅瀬へ移動させる作業が開始されたが、浸水は後部の装甲甲板上にまで浸透していた。

二時十分に艦隊司令官パルコメンコ中将が上級士官とともに来艦し、他艦からもダメージ・コントロール要員が集められ、五〇、七四、八五番フレームで防水作業もはじめられたが、浸水の勢いは強く、艦首はふたたび沈みはじめた。

船体はしだいに左舷へかたむき、ダメ・コンの努力もつづけられたが、四時十五分には艦

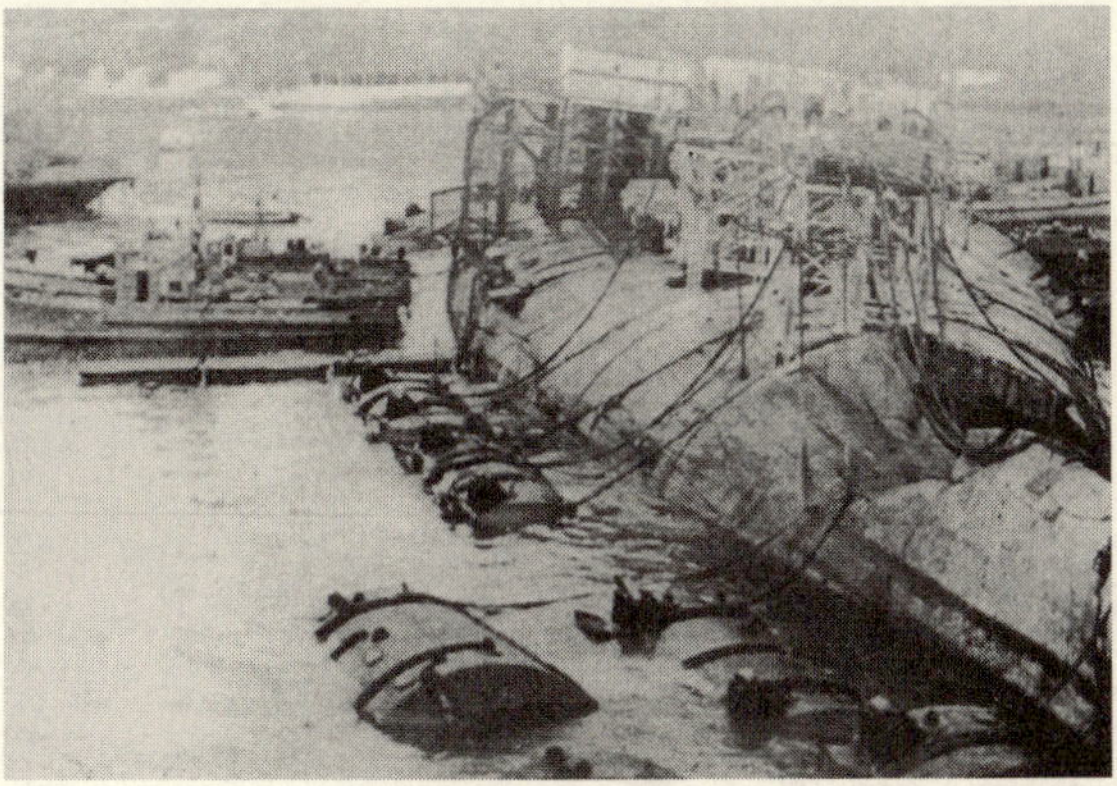

沈没したノヴォロシースクの引き揚げ作業

の傾斜は一八〜二〇度に達した。艦は急に傾斜を増して転覆し、上部構造物は海底の泥中に突入、艦底が水上に露出した。

総員退去を命じる暇もなく、乗員救出に全力をつくしたが、乗員一六〇〇名中六〇八名の生命が失われた。その他に、本艦救出に派遣された港内の他艦からの乗員四四名も犠牲となり、戦後最大の惨事となったのである。

沈没原因については、ソ連側の調査が秘密裡におこなわれ、公表されなかったので一時、諸説が流れた。艦内爆発説、旧イタリア海軍水中工作員による復讐説なども生まれたが、現在ではノヴォロシースクが入港投錨時に錨鎖を引きずって、海底に沈んでいた戦時中にドイツ海軍が敷設した機雷に触れたため——と見る説が有力である。

セヴァストーポリは一九四四年五月に解放されるまで、ドイツ軍により大量の機雷が散布されており、

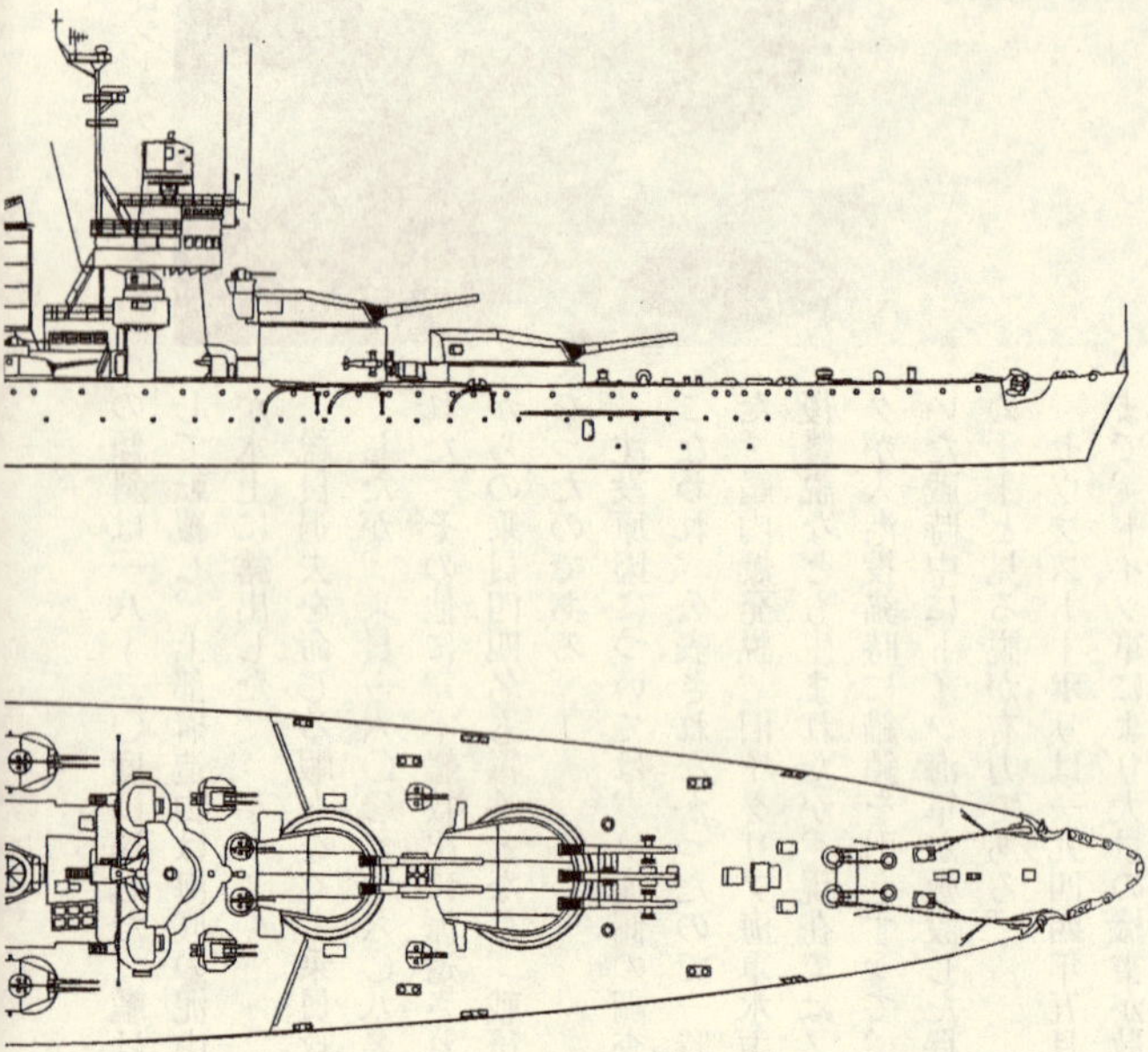

戦艦ノヴォロシースク最終状態(1955年)

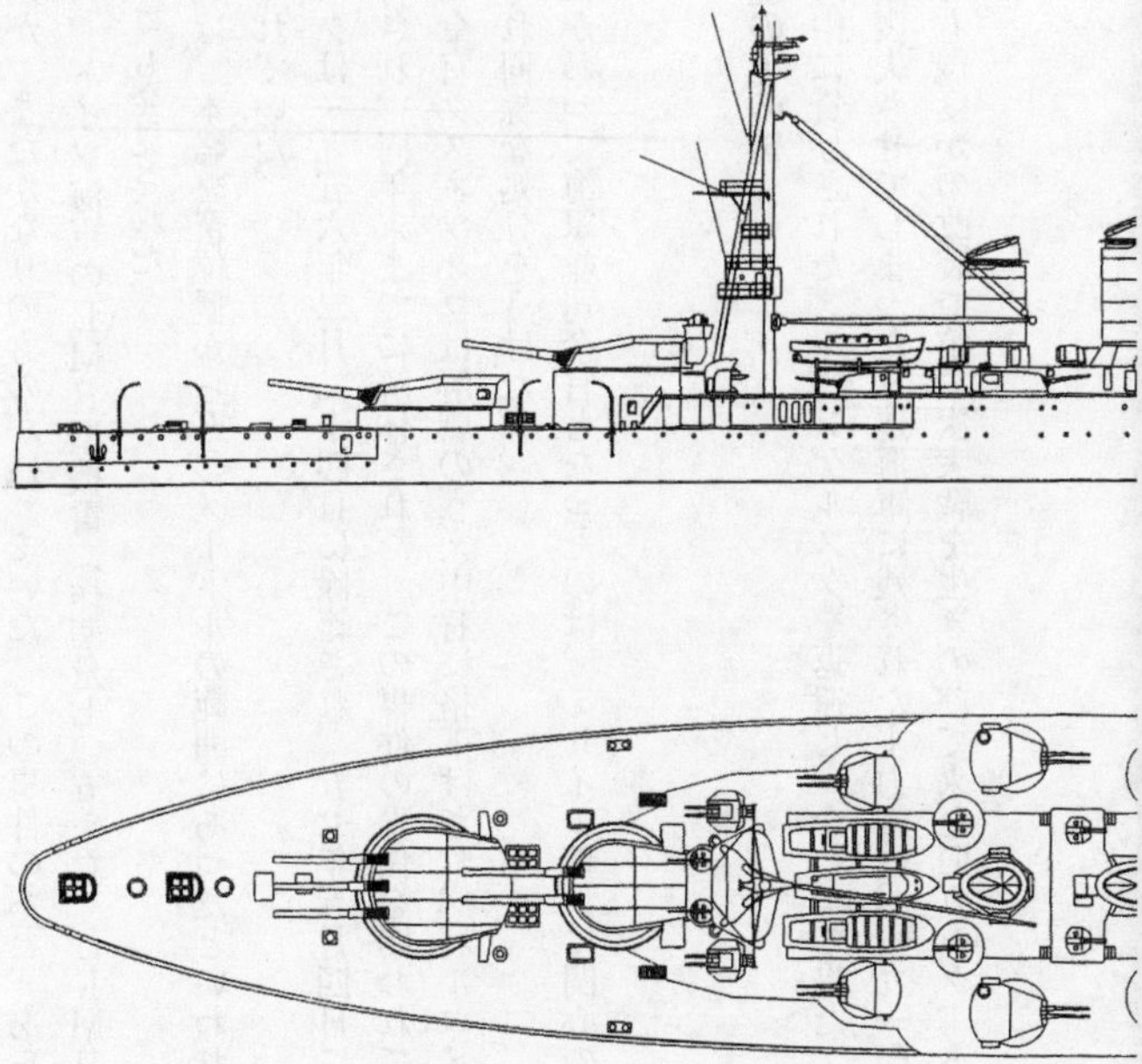

戦後に掃海されたが、まだかなりのものが残っていた。この事件のあと、あらためて付近の海底を調査したら、ドイツ海軍のＬＭＢ型機雷（炸薬量七〇五キロ）とＲＭＨ型機雷（同七七〇キロ）が三二コも発見された。

そのうちの数コは、本艦繋留位置から五〇メートルの範囲にあったといわれ、爆発個所の海底も大きくえぐれていた。

ノヴォロシースクは一九五六年二月二十四日に除籍され、五七年五月四日に引き揚げられてカザヒ湾に曳行され、同年末までに解体された。この事件の責任を問われて、一九五五年十二月に海軍総司令官クズネツォフは解職のうえ中将に格下げされ、パルコメンコ中将以下、関係将校もそれぞれ同様な処分をうけた。

クズネツォフにかわって海軍総司令官となったのは、ミサイル導入に関心の高いゴルシコフ大将であった。

ドイツ前ド級艦のその後

こうして、戦時中に貸与されたアルハンゲルスクを返還し、かわって得たノヴォロシースクを七年後に事故喪失させてしまったソ連海軍に残された主力艦は、一九一〇年代に建造され、傷つきながらも幾度かの改装で第二次大戦を生きのびて来た旧ガングート級の三隻であった。

1956年10月、クロンシュタットで解体中の戦艦オクチャブルスカヤ・レヴォルチヤ（ガングート）

ちなみにノヴォロシースクの姉妹艦コンテ・ディ・カブールは一九四五年二月二十七日にトリエステで爆撃を受けて浸水擱座、戦後に引き揚げられて一九五二〜五三年に解体されており、イタリア海軍にはカイオ・デュリオ級戦艦二隻が残されていた。

なお、ソ連が欲しがっていたイタリア海軍の新戦艦イタリアは戦後にアメリカへ、ヴィットリオ・ヴェネトはイギリスへ、それぞれ賠償艦として引き渡されているから、もし三番艦ローマが撃沈されなければ、ソ連海軍も新戦艦を取得する可能性があったかも知れないのである。

戦後のソ連国産三戦艦の行くすえを、ここで見届けることにしよう。

戦時中に大破して浮砲台となって生きのびたペトロパブロフスク（マラート）は、一時検討された戦艦再建案も中止となり、一九五〇年十一月二十八日にヴォルコフと改名、繋留状態で砲術練習艦となったが、一九五三年九月四日に除籍、解体された。

ガングート（オクチャブルスカヤ・レヴォルチヤ）は戦後もバルト海にあり、第八艦隊に編入されてタリンにあった。一九五四年七月二十四日に練習艦となったが、一九五六年二月十七日に除籍され、クロンシュタットで五六〜五九年に解体された。

セヴァストーポリ（パリスカヤ・コンムナ）は一九五四年七月二十四日におなじく練習艦となり、一九五六年二月十七日に除籍され、艦名をあたえたセヴァストーポリのカミシン・バットに曳行され、一九五七年までに解体された。

五〇年代初期に、スターリンは戦艦をふくむ大艦隊の建設を計画し、それまでこれらを練習戦艦として温存する考えのようであったが、一九五三年三月にスターリンが急死して、かわって実権をにぎったフルシチョフは、海軍政策の大転換をはかり、大型艦の整理に着手した。この在来戦艦二隻の除籍は、その一環をなすものといわれている。

このほかに、近代戦艦ではないが、戦後にソ連が捕獲した帝政ドイツ海軍が建造した前ド級艦についても触れておこう。

それは一九〇四年に計画され、一九〇八年七月に竣工したシュレスヴィヒ・ホルシュタイン（基準排水量一万三一九一トン、二八センチ連装砲二基、一七センチ砲一四門、四五センチ魚雷発射管六門、主機レシプロ三基、出力二万馬力、速力一八ノット）である。

第一次大戦後も僚艦シュレジエンとともに保有が認められ、一九三六年から候補生練習艦となった。一九三九年九月の開戦時には、シュレジエンとともにポーランド進攻を支援し、戦時中に対空火器を強化し、レーダーも装備した。

一九四四年十月、船団護衛艦とするためゴーテン・ハーフェンのドイチェ・ヴェルケ社で改装に着手した。計画では副砲以下を撤去して、一〇・五センチ砲六門、四〇ミリ機銃一〇門、三七ミリ機銃四門、二〇ミリ機銃二六門と新式の射撃装置を装備し、主機もオーバーホールする予定であった。

しかし一九四四年十二月十八日、入渠中の本艦はイギリス軍機の爆撃をうけて炎上、さらに翌年三月にはソ連軍の進攻を知り、捕獲をおそれて自沈した。前記の兵装は未装備であったといわれる。

同地を占領したソ連軍は、一九四六年春に同艦を引き揚げてタリンに曳行し、一九四七年六月二十五日、ソ連艦籍（一説にボロディノと命名されたという）へ入れたとされ、標的艦または練習艦として使用する予定であったようである。

しかし、調査してみると、その価値はないことが判明し、一九四七年六月二十五日、フィンランド湾のニュー・グランド堤付近に沈められた。

また、一九〇二年に計画されて一九〇五年九月に竣工した前ド級艦ヘッセン（常備排水量一万三二〇八トン、二八センチ砲連装二基、一七センチ砲一四門、四五センチ魚雷発射管六門、主機レシプロ三基、出力一万六〇〇〇馬力、速力一八ノット）は、一九三五～三七年に改造されて無線操縦の標的艦（一万二二〇〇トン）となり、砲術訓練に従事した。

上から独戦艦シュレスヴィヒ・ホルシュタイン、自沈着底した同艦、独標的艦ヘッセン

四六年初めにソ連軍が本艦を接収して、ツェリと改名し、一九六〇年頃までバルト海で同様の任務に使用したのち、除籍解体されたと伝えられている。

一九五七年に残存していた戦艦二隻の除籍により、ロシア・ソ連戦艦史は幕が引かれることになったが、戦後も戦艦の建造計画はあった。

以下にその内容と経過を紹介することにしたい。

クズネツォフの建艦計画

重巡クロンシュタットの空母改造案でも触れたが、ソ連海軍は一九四五年一月に空母をふくむ将来必要な艦艇を検討し、三月に四六年から五五年にいたる膨大な建艦一〇ヵ年計画をたちあげた。

それは、これまでの沿岸防衛的な海軍を脱却し、欧米海軍なみの強力な航洋艦隊の建設をめざすものであった。

クズネツォフ総司令官の指示でまとめられた原案は表1のとおりで、空母などの新型艦艇をふくみ、総計四三三六隻に達する壮大な新造計画であった。

これは海軍部内で検討され、その段階で戦艦四隻、重巡一〇隻、巡洋艦三〇隻、軽巡五四隻、大型空母六隻、小型空母六隻、航洋モニター一二隻、大型駆逐艦一三二隻、駆逐艦三八隻（以下略）など多少圧縮されて総計四一五六隻が提案された。

しかし、実際に一〇ヵ年計画として建造が承認されたのは表2のとおりであって、戦艦、空母、大型駆逐艦などはすべて姿を消していた。

総計三五二四隻（原案対比八一・三パーセント）に削減され、承認された艦艇は、一九五六年一月までに竣工が予定されていた。

その後、実際に一九五五年までに完成したのは、軽巡一九隻、駆逐艦八五隻、護衛艦四八隻、大型対潜艦艇一五七隻、大型潜水艦六隻、中型潜水艦一五一隻、小型潜水艦六六隻など、総計約一六〇〇隻にすぎなかった。そのなかで、魚雷艇が約七三〇隻と比較的に高い実績をあげているのが目につく。

これはスターリンの死後、フルシチョフにより建艦方針が大きく変えられたことも影響していよう。

（表1）クズネツォフ案

戦　艦	9 隻
重　巡（巡洋戦艦）	12 隻
巡洋艦	30 隻
軽　巡	60 隻
大型空母	9 隻
小型空母	6 隻
航洋モニター	18 隻
大型駆逐艦	144 隻
駆逐艦	222 隻
航洋砲艦	42 隻
護衛艦（SKR）	546 隻
大型対潜艦艇（BO）	327 隻
大型潜水艦	168 隻
中型潜水艦	204 隻
小型潜水艦	117 隻
艦隊掃海艇	110 隻
基地掃海艇	237 隻
航路掃海艇	297 隻
小型対潜艦艇（MO）	564 隻
魚雷艇（TK）	738 隻
揚陸艦艇	476 隻

（表2）10ヵ年計画

重　巡	4 隻
軽　巡	30 隻
航洋モニター	18 隻
駆逐艦	188 隻
航洋砲艦	36 隻
護衛艦	177 隻
大型対潜艦艇	345 隻
大型潜水艦	40 隻
中型潜水艦	204 隻
小型潜水艦	123 隻
艦隊掃海艇	30 隻
基地掃海艇	400 隻
航路掃海艇	306 隻
小型対潜艦艇	600 隻
魚雷艇	828 隻
揚陸艦艇	195 隻

第二次大戦に参加した各国新戦艦は、いずれも戦前の計画艦である。一九四一年度の戦時計画で一隻だけ建造されたイギリスのヴァンガードは、陸揚げされた大型軽巡の主砲と、三八年度に計画されて建造中止となったライオン級の設計を利用して生まれたもので、その竣工は戦後となった。

一九四〇年度計画のアメリカのモンタナ級、フランスのプロヴァーンス（州名）級、四二年度の日本の超「大和」型などは、いずれも着工前に中止となっている。

しかし、ドイツ海軍は一九三九年度に戦艦H級、巡洋戦艦O級をふくむ大建艦計画のZ計画を策定し、戦時下もH42、H43、H44と設計をかさねている。ソ連海軍とともに、戦艦の砲火力を信じつづけていたのであろう。

そう考えると、ドイツ海軍のZ計画と、ソ連海軍の戦後の一〇ヵ年計画原案はどこか似ているようである。そこには空母を軽視し、あくまで戦艦や巡洋戦艦を中核とした在来型の海軍の建設を夢見る、独裁者の姿がうかがえるような気がする。ただし、空母の評価が一変した戦前と戦後では、その認識の開きはかなりあるようだ。

⑫ 七万トン級戦艦計画プロジェクト24

疎開した新戦艦の研究員

一九四一年六月の独ソ開戦により、ソヴィエツキー・ソユーズ級戦艦の建造が中止された経緯はすでに紹介したが、ソ連海軍はこれによって、新戦艦の建造をすべて断念したわけではなかった。

戦時下、新戦艦の設計作業は第四中央設計局（ＴｓＫＢ－４）によりつづけられ、四一年八月、ドイツ軍の進攻によりレニングラードの危機がせまると、モスクワ東方のカザンへ第四部の要員三〇〇名を疎開させて作業を継続させた。

それは、先のソユーズ級の設計を基本としたものであったが、原案の副砲と高角砲を一三センチ両用砲二四門に統一し、対空機銃も三七ミリ四連装から四五ミリ四連装にあらためるなど、新兵器の採用と強化がはかられていた。

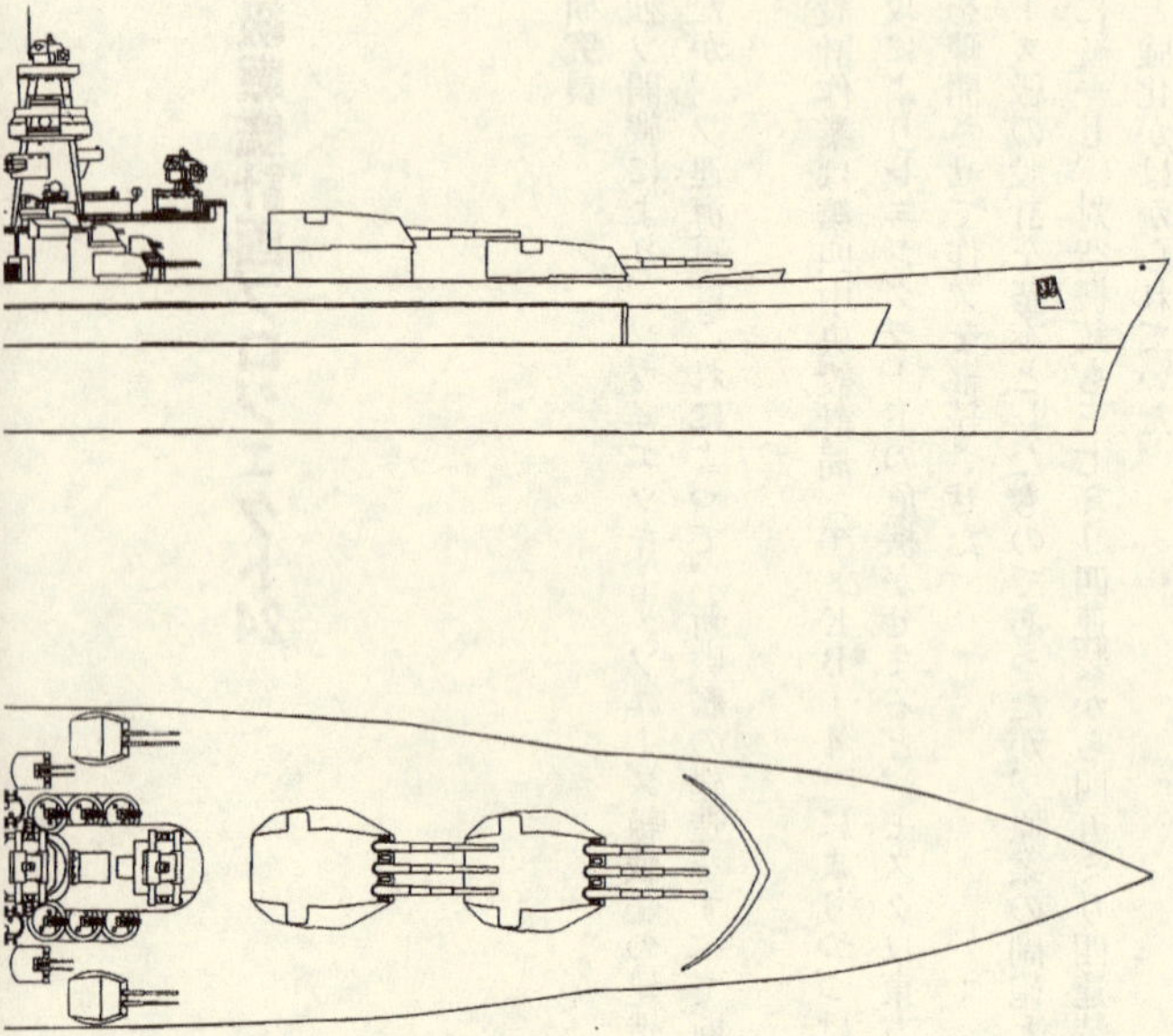

「プロジェクト24」戦艦（1941年度案）

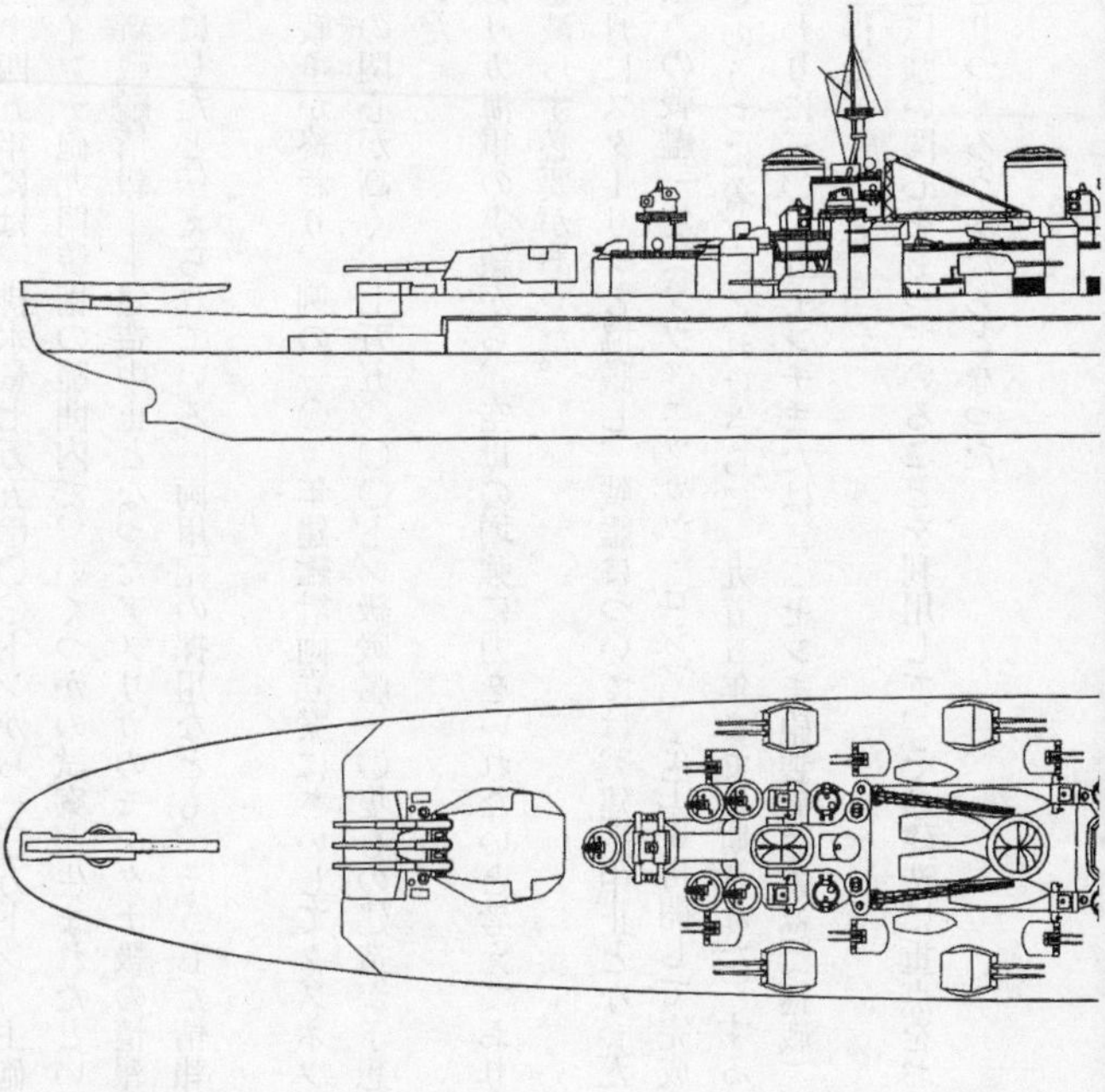

そして、一九四四～四五年には、排水量七万五〇〇〇トンから一三万トン、主砲一六インチ砲一二門から一八インチ砲九門装備の範囲内で、いくつかの試案が生まれたという。

そのさい、他国の新戦艦情報――建造中止となったアメリカのモンタナ級の情報などもできるだけ集め、参考にしたと伝えられている。両用砲の採用なども、そうした情報活動によるものかも知れない。

一九四五年八月、戦争が終わり、例の一〇ヵ年建艦計画立案にさいしてクズネツォフは、スターリンが戦艦への関心が高く、七万五〇〇〇トン級戦艦一〇隻もの建造が予想されたことに危惧を感じていた。

彼は大戦中のアメリカ海軍の実績から、空母の増強に力をいれたいと考えており、それには戦艦の建造隻数を減らす必要があった。

クズネツォフは九月にスターリンと協議し、戦艦については、建造中止となったモロトフスク（第四〇二工廠）の戦艦一隻（ソヴィエツカヤ・ロシア）を工事再開して完成させ、新戦艦二隻を三～四年のうちに着工（これはさらに一九五五年まで延期された）することで新造を中止し、そのかわりに三〇・五センチまたは二二センチ砲装備の重巡（巡戦）多数を建造することで了承を得た。

スターリンが重巡に強い関心をもっていることを利用して、その建造に重点をおくことで、新造戦艦の減少をとりつくろうかたちとなった。

新戦艦は「プロジェクト24」とよばれたが、これはソユーズ級（プロジェクト23）以後の新戦艦を示すもので、ガングート級の代艦として計画され、そのスタートは一九四一年にまでさかのぼるようだ。

当時作成の初期案の要目は次のようで、防御が強化された以外は、外容、性能ともにソユーズ級に似ている。

満載排水量六万五五三〇トン、四〇・六センチ砲三連装三基、一五センチ砲連装六基、一〇センチ高角砲連装八基、三七ミリ機銃四連装一二基、装甲（最大）主甲帯三九〇ミリ、主砲塔四九五ミリ、司令塔四二五ミリ、甲板二〇五ミリ。主機タービン三基（三軸）、主缶六基、速力二八〜二九ノット。

計画された七万トン超戦艦

戦後になると、大戦中に建造された各国の新戦艦の情報もはいってきた。

アメリカ海軍はサウス・ダコタ級（基準排水量三万八〇〇〇トン、四〇・六センチ砲九門、速力二七・五ノット）四隻を一九四二年に、アイオワ級（基準排水量四万八五〇〇トン、四〇・六センチ砲九門、速力三三ノット）四隻を一九四三〜四四年に完成させ、ケンタッキーを建造中（のち中止）であった。

イギリス海軍は、キング・ジョージ五世級（基準排水量三万六七二七トン、三五・六セン

米戦艦アイオワ

チ砲一〇門、速力二八ノット）五隻を一九四〇～四二年に、ヴァンガード（基準排水量四万四五〇〇トン、三八・一センチ砲八門、速力三〇ノット）を一九四六年に竣工させ、フランス海軍はリシュリュー（基準排水量三万八五〇〇トン、三八センチ砲八門、速力三〇ノット）を一九四〇年に竣工、ジャン・バール（同型なるも対空兵装などを改正、基準排水量四万二八〇六トン）を建造中（一九五五年完成）であった。

日本海軍も「大和」型（基準排水量六万四〇〇〇トン、四六センチ砲九門、速力二七ノット）二隻、ドイツ海軍はビスマルク級（基準排水量四万一七〇〇トン、三八・一センチ砲八門、速力二九ノット）二隻、イタリア海軍もヴィットリオ・ヴェネト級（基準排水量四万五一七トン、三八・一センチ砲九門、速力三〇ノット）三隻を、一九四〇～四二年にそれぞれ完成している。

戦後、明らかになったこれらの新戦艦情報を、ソ連海軍は調査収集して、新戦艦の設計に役立てたものと思われる。一〇ヵ年計画で建設される大艦隊の中核となる新戦艦は、当然これらを凌駕する性能をそなえていなければならなかった。

新戦艦の要目として次の数値があげられ、これにもとづいて設計が進められた。

排水量＝七万～七万五〇〇〇トン。

兵　装＝四〇・六センチ砲九門、一三センチ両用砲二四門、四五ミリ高角砲四八門、二五ミリ機銃六〇門、水上機六機。

防御力＝四〇・六センチ砲弾にたいし、一万六〇〇〇ヤード（一万四六三〇メートル）～三万六〇〇〇ヤード（三万二九一八メートル）の戦闘距離に耐えること。高度三〇〇〇メートルから投下された一トン徹甲爆弾の爆撃に耐えること。炸薬量TNT火薬九〇〇キロの魚雷による水中攻撃に耐えること。

速　力＝三〇ノット。

航続距離＝一八ノットで八〇〇〇海里。

スケジュール目標として、技術および戦略的要求は一九四九年までにまとめて、概略設計は一九五一年、技術的詳細設計は一九五二年までに完成させることになった。

担当は第四中央設計局から第一七中央設計局にうつされたが、主任設計者は「プロジェクト23ｂｉｓ」の担当者L・A・ゴードンであった。

1950年作成の「プロジェクト24」の13案をもとに
描いた完成予想図。基準排水量７万2950トン、
速力30ノット、主砲40・６センチ砲３連装３基

この第一七中央設計局は戦前、巡洋艦や駆逐艦の設計担当部門であり、当時このほかに「プロジェクト68K」（軽巡チャパエフ級）、「プロジェクト68bis」（軽巡スヴェルドロフ級）、「プロジェクト65」（戦後設計の一五・二センチおよび一八センチ砲装備の軽巡洋艦。計画のみ）および後述する「プロジェクト82」重巡の設計をうけもち、多忙であった。

大艦隊建設を夢見るスターリンでも、ソヴィエツキー・ソユーズ級をうわまわる大戦艦の建造がソ連の技術力で、そう容易になしとげられるものでないことは理解していたと思われ、この一〇ヵ年計画では新戦艦建造を二隻におさえるかわりに、準主力艦というべき重巡兵力の充実をはかることで承認をあたえたのであろう。

この第一七中央設計局で、設計の最優先順位は「プロジェクト82」重巡におかれ、新戦艦の作業は遅れがちであった。それでも一九五〇年はじめまでに、一四もの概案がまとめられた。

新戦艦が対抗する相手はアメリカ海軍のアイオワ級であったが、調査によって得られた性能数値が、主甲帯の装甲が四八三ミリもあるとか、公試で速力三五ノット以上を出したなどと、かなり誇張したかたちで伝えられており、これを凌駕するために、排水量八万〜一〇万トン、四五・七センチ砲装備などの、当初あたえられた目標数値をオーバーした概案も生まれていた。

一九五〇年初めに設計作業は造船省第四五艦艇研究所にうつされたが、三月にその過大な内容を知ったスターリンは「口径四〇・六センチ以上の砲装備は認めない」と言いだし、ユマーシェフ海相も排水量の減少を求めたので、艦艇研究所は排水量の上限を七万三〇〇〇トンにひき下げた。

イラストで描かれたのが一九五〇年作製の「プロジェクト24」の13案で、排水量、砲口径ともに前記の条件をみたし、内容的にも他の案とくらべ最適と認められたものと思われ、これが本プロジェクトの最終案とみなすことができよう。

その計画要目は次のとおり。

基準排水量七万二九五〇トン、満載排水量八万一一五〇トン、全長二八二・〇〇メートル、最大幅四〇・四〇メートル、最大吃水一一・五〇メートル。

主機ギヤード・タービン四基（四軸）、KVN-24型水管缶一二基、出力二八万馬力、速力三〇ノット、航続距離一八ノット―六〇〇〇海里。

装甲（最大）主甲帯四一〇ミリ、甲板一六五ミリ、主砲塔五〇〇ミリ、司令塔五〇〇ミリ。

兵装四〇・六センチ（五〇口径）砲三連装三基、一三センチ両用砲一六門、四五ミリ高角砲四八門、二五ミリ機銃四八門。

艦容が一変した「24」戦艦

「プロジェクト24」について、初期案と比較すると、艦容は一変した。

性能試験中のＭｋ－１。メタリチェスキー造兵廠内の撮影で、周囲の人物や陸軍20センチ砲と比較すると巨大さがわかる

搭状の前檣楼は姿を消し、巨大な艦橋構造物と射撃装置や前檣配置は新鋭のイギリス戦艦ヴァンガードに似ており、艦橋頂部にＫＤＰ２－８－10型主砲射撃装置とＳＰＮ５０型高射装置を搭載する。この高射装置はドイツ式のスタビライザー付きで、レーダーを併用する。

マスト上には水上捜索、遠距離対空、対空射撃などの諸レーダーが装備される。初期案にあり、設計条件にもあげられていた水偵やカタパルトは廃止された。高角砲は両用砲に統一され、対空火砲は強化された。

これらには捕獲したドイツ軍、貸与された連合軍の諸兵器をもとに開発された新技術がとりいれられている。

主砲の五〇口径四〇・六センチ砲はソヴィエツキー・ソユーズ級用としてレニングラードのメタリチェスキー造兵廠で設計されたＢ37型砲で、帝政ロシア海軍時代を通じて最大の艦載砲である。制式名をＭｋ－１（ロシア語の「海軍艦載砲《モルスカヤ・コラベルナイア》」の略称で、米英軍兵器に見られるマークの略ではない）という。

俯仰角範囲マイナス三度～プラス四五度、発射速度は仰角二〇度で毎分二・六発、二七・五度で二・五発、四〇度で二発とされ、初速八三〇メートル／秒、弾丸重量一一〇八キロ、最大射程四万六三〇〇メートルで、一九四〇年に最初の試射が実施された。

当時は基線長一二一二ミリ測距儀付きのKDP－8型射撃装置がもちいられたが、これが新式化されたことは前述のとおりである。

「プロジェクト24」搭載の四〇・六センチ砲は制式名をMk－1Mと称するMk－1の改良型で、性能はいくぶん改良されていよう。新射撃装置は前後部の構造物上に各一基搭載されるが、レーダー管制ではない。

防御力は戦闘距離一万八〇〇〇～二万九三〇〇メートルで四〇・六センチ砲弾に耐え得るもので、とくに将来交戦すべきアメリカ海軍の一六インチ砲弾（重量一二二五キロ）が想定されたといわれる。

舷側主甲帯は長さ一五〇メートル（水線長の五七・五パーセント）、幅六メートルにわたり二〇度の傾斜角で装着され、機関部分で四一〇ミリ、二番砲塔弾薬庫付近で四三五ミリ、前部主砲付近で四五〇ミリに増厚され、後部主砲弾薬庫には四二五ミリの装甲がもうけられた。

主甲帯の前部は一五〇ミリの部分防御、艦首には五〇ミリのスプリンター防御がほどこされた。後部は水線付近で一五〇ミリ、舵取装置付近は二〇〇ミリに強化された。

その他、主砲バーベット部四一五～五〇〇ミリ、司令塔二〇〇～五〇〇ミリ、甲板六〇～一六五ミリ、横隔壁四〇〇ミリの防御甲鈑がそれぞれ装着され、防御力はソヴィエツキー・ソユーズ級よりいちだんと強力になっている。

主機主缶にかんしては「プロジェクト82」の重巡とよく似ており、戦前に入手したドイツ重巡リュッツオゥや戦後に獲得したドイツ軍艦から得た技術の影響が大きいとみられている。

主缶のKVN－24型ボイラーは圧力六五キロ／平方センチ、温度四五〇度Cの過熱蒸気を発生使用して、ギヤード・タービン四基により二八万馬力を出力して速力三〇ノットを出す計画であったが、おなじボイラーを搭載したスヴェルドロフ級軽巡の実績をみると、出力低下がめだつことから、本級でも計画した速力を達成できたかは疑問とされている。

機関配置は一機三缶による四室配置で、主缶のほかに補助缶三基がある。

なお、本艦の艦内配置図を見ると、艦首付近に二基の隠顕式縦軸小型プロペラがあり、ディーゼル発電室のモーター駆動になっている。その用途は不明であるが、捕獲したドイツ空母グラーフ・ツェッペリン装備のフォイト・シュナイダー・プロペラに類似しており、機関非常事故の際にせまい水域で航行するさいの使用を考慮したものかとも推測されている。

こうして「プロジェクト24」型戦艦の内容はほぼ確定したが、「プロジェクト82」型重巡の建造が優先されたので、「プロジェクト24」型の方は後まわしとなり、一九五三年三月のスターリンの死により建造中止となった。艦名も建造所も未定であった。

なお、「プロジェクト24」諸案のなかから、最強の巨艦案の概要（要目）を最後に紹介しておこう。

基準排水量一一万七〇〇〇トン、満載排水量一三万二〇〇〇トン。主機タービン四基、出力三二万馬力、速力三〇ノット、航続力一八ノット—一万海里。装甲（舷側）三七〇〜四六〇ミリ。兵装四五・七センチ砲三連装三基、二三センチ砲四門、五七ミリ高角砲九六門、二五ミリ機銃四八門。

見積もられた建造費は三〇億五〇〇〇万ルーブル、七万三〇〇〇トン戦艦（二〇億二六〇〇万ルーブル）の五割増しであった。

モロトフスクの未成戦艦は工事が再開されることなく、一九四七年に解体された。各国の情報を得て、戦前設計の戦艦建造継続のおろかさを悟ったものと思われる。

⑬ 三万九五〇〇トン巡洋艦計画

ルーツは独リュッツオウ

戦後の一〇ヵ年建艦計画で、「プロジェクト82」として建造に着手する重巡（巡戦）の起源は古く、一九四一年までさかのぼらねばならない。

一九三九年八月に締結された独ソ不可侵条約付属の貿易協定により、一九四〇年四月にソ連はドイツから未成重巡リュッツオゥを入手した経緯はすでに説明したが、このリュッツオゥ（ペトロパブロフスクと改名）を「プロジェクト83」とし、その改良型としてスタートしたのが「プロジェクト82」の重巡であった。

一九四一年三月、クズネツォフ海軍総司令官は、「プロジェクト69-i」のクロンシュタット級重巡の建造承認と前後して、二〇・三センチ砲装備の「プロジェクト82」重巡の主要戦術と技術規則を承認した。

ドイツより入手した未成のペトロパブロフスク（リュッツオウ）

ソ連海軍はワシントン軍縮条約に加盟しなかったので、その制約をうけなかったが、列国の建艦競争とは無縁な状況にあり、いわゆる条約型重巡の建造経験がない。「プロジェクト26」のキーロフ級は一八センチ砲を装備したので、重巡にあつかわれているが、実質は軽巡洋艦で、近代重巡は未開拓の分野であった。

新技術を学ぶうえでも、リュッツオウを取得した意義は大きく、本艦をモデルシップとして国産の近代重巡を計画するのは当然のなりゆきでもあった。ソ連海軍の近代軽巡はイタリア海軍のライモンド・モンテクッコリ級をタイプシップとしてスタートしたが、近代重巡はそれをドイツ海軍のアドミラル・ヒッパー級に求めようとしたのである。

一九四一年五月、それは「プロジェクト69」重巡（クロンシュタット級）と、「プロジェクト26」（キーロフ級）、「プロジェクト68」（チャパエフ級）軽巡との中間に位置する二〇・三センチ砲装備の巡洋艦で、その戦術任務は次のように定められた。
(1)二〇・三センチ砲装備の敵重巡との交戦
(2)敵軽巡の撃破
(3)味方軽巡（一七・八センチおよび一五・二センチ砲装備）の支援
(4)機雷敷設
(5)敵中口径沿岸砲陣地の制圧と揚陸支援
(6)敵海上通商破壊作戦の指揮
設計目標として、次の要目数値が示された。
(1)排水量二万トン以下
(2)二〇・三センチ砲八門、一〇センチ砲一二門、三七ミリ対空砲一二門。後部に五三・三センチ魚雷発射管三連装一基装備
(3)対二〇センチ砲弾防御
(4)速力三六ノット以下、航続力二〇ノット—一万海里
(5)カタパルト二基、水上機四機
これにもとづいて、三つの設計案がつくられた。排水量最大の第一案は、二万五〇〇〇トンで上記の諸要件をすべて満たす内容であった。第二案は排水量一万八〇〇〇トンで装甲と速力がいくぶん劣り、第三案は排水量二万トンで、ほぼ諸要件にちかい性能を示すものとな

っていた。

これらを検討のうえ、主砲を二二センチ砲にあらため、対空兵器を強化するかわりに、防御力、速力、航続力をすこし落とすことで設計をしなおすことになった。すでに独ソ戦ははじまっており、兵装のうえでも、ドイツの重巡を凌駕するものが求められたのであろう。

ちなみに、「プロジェクト83」（一九四〇年）の内容は基準排水量一万六五〇〇トン、速力三二・七ノット、装甲舷側八〇ミリ、中甲板三〇〜四〇ミリ、兵装二〇・三センチ砲連装四基、一〇・五センチ高角砲連装六基、三七ミリ機銃、二〇ミリ機銃各一二門、五三・三センチ魚雷発射管三連装四基、カタパルト一基、水上機三機となっていた。

空母護衛艦という新構想

一九四二年八月、スターリングラードをめぐる攻防戦でこれを死守したソ連軍は、十一月から大規模な攻勢に転じ、一九四三年二月、スターリングラードのドイツ軍を降伏させて戦局は好転しはじめた。

激戦下、重巡のような大型艦の設計作業は停頓していたが、前途に曙光もさしてきていた。戦後の見通しもたち、「プロジェクト82」についても新たな動きがあった。一九四三年九月に「プロジェクト82」の主要戦術に、「空母作戦の護衛と支援」がくわえられたのである。それには兵装の強化、高速力、航続力増進がはかられる必要があり、要目性能は以下のようにあらためられた。

基準排水量二万～二万二〇〇〇トン、速力三六ノット以上、航続距離一万海里。主兵装二一～二三センチ砲九門、副砲の一三センチ砲と一〇センチ高角砲は一三センチ両用砲一二門に統一され、対空用の三七ミリ機銃は三二門に増強、魚雷兵装は撤廃された。そのほか、対二〇センチ砲弾防御や航空兵装（四機）は変わりがなかった。

その設計は第一七中央設計局（巡洋艦、駆逐艦部門）の担当となり、一九四四年五月までに排水量二万三〇〇〇～三万六〇〇〇トンにいたる八種の原案が作成され、そのスケッチも提出された。検討のうえ、排水量をいくぶん引き上げて、さらに新たな要目数値が示された。

基準排水量二万五〇〇〇～二万六〇〇〇トン、速力三三ノット、航続距離八〇〇〇海里とすこし下げたが、兵装は二二センチ砲九門、一三センチ両用砲一六門、四五ミリ機銃三二門、二三ミリ機銃（一九四五年九月に二五ミリに変更）二〇門と、対空兵装はいちだんと強化されていた。対二〇センチ砲弾防御や航空兵装（水上機四機）の基準は変わりがなかった。

クズネツォフは将来、ソ連が空母を保有したとき、敵対すべきアメリカ海軍の重巡部隊から空母を護るには、これくらい強力な重巡が必要であろうと判断したのである。

しかし、二二センチ砲はこれまで製造されたこともなく、その設計からはじめねばならず、この段階では仮想のプロジェクトにすぎなかった。クズネツォフはこれをスターリンに提案したが、戦争の遂行に忙殺されているスターリンは、これを無視したという。

一〇ヵ年計画でよみがえる

「プロジェクト82」重巡の建造がふたたび検討されたのは、一九四五年一月に例の一〇ヵ年建艦計画の研究が開始されたときであった。戦艦四隻、大型空母六隻などとともに重巡一〇隻が海軍内部でまとめられた案に計上されたが、その重巡は二二センチ砲装備艦であった。戦争が終わり、戦後処理も一段落した一九四七年一月に、スターリンは艦艇の建造技術をテーマとした特別会議で、この重巡の提案を聞いて、主砲を三〇・五センチ、または二二センチ砲とした二種類の「プロジェクト82」重巡の基本案の作成を命じた。

一九四七年二月に海軍総司令官となったユマシェフ大将（理由は不明だが、このときクズネツォフは海軍総司令官を解任され、太平洋艦隊〈第五艦隊〉司令官に転出し、十二月に元帥から中将に降格されている。なんらかの理由でスターリンの不興をこうむったものと思われるが詳細は不明、一九五一年五月に復職）は、さっそく三〇・五センチ砲重巡の主要戦術と技術規則を定めた。

それは「遊撃部隊の掩護、二〇・三センチないし一五・二センチ砲装備の巡洋艦の撃沈、基地などの沿岸目標の砲撃、上陸作戦の支援」となっており、クズネツォフが考えた空母護衛任務はふくまれなかった。

一九四七年三月に中央艦艇建造研究所は、排水量二万五三〇〇トンから四万七八〇〇トン

「プロジェクト82」(1947年案)

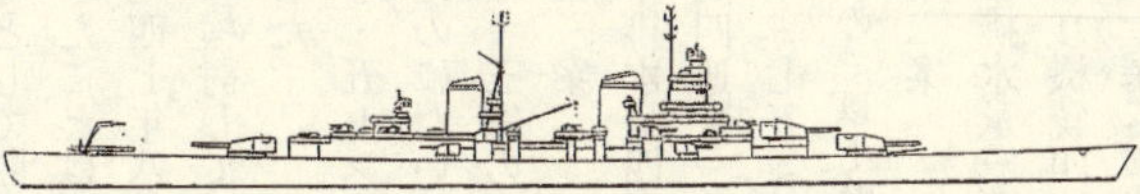

にいたる重巡の八種の概案を作成した。その主兵装は三〇・五センチ砲八〜一二門、副兵装として一三センチまたは一五・二センチ連装両用砲を装備、航空兵装はカタパルト二基、水上機四機搭載から皆無のものもあった。

速力はすべて三二ノット以上、航続力は一八ノットで六〇〇〇海里で統一されていた。また、第一七中央設計局も同様な研究をして四案を作成した。

主兵装については、二二センチ砲の提唱者はクズネツォフで、重巡を将来の空母護衛用と考えたところから、砲火力より排水量を下げて速力を上げたいと考えていた。これにたいし三〇・五センチ砲を主張しているのはスターリンで、これは「プロジェクト69」の建造経過を見てもわかるように、巡戦型重巡の熱烈な信奉者であった。

ユマシェフも「このような比較的重装甲の艦で、二二センチ砲は主砲として力不足なのは明確」との主張にも明らかなように、三〇・五センチ砲の支持者だった。

じつは検討段階で、建造中止となっていたマルティ工廠のクロンシュタット級の建造再開も研究されたようだが、旧式すぎるうえ、兵装的にも劣るとして断念されたという。クズネツォフがはずれたことで、三〇・五センチ砲が有力となったことは明白であった。

一九四七年八月、ブルガーニン国防相、ゴレグリヤド造船相、ウスチノフ造兵相がこれらを比較検討して、三〇・五センチ砲タイプを二案、二三センチ砲タイプ一案をスターリンに提出した。

三〇・五センチ砲タイプが二案となったのは、国防相が舷側装甲を二〇〇ミリとした案を推したのにたいして、造船相が排水量や速力の面で有利な装甲一五〇ミリ案を支持したからである。三案の内容は次のとおり。

●第一案

基準排水量四万トン、兵装三〇・五センチ砲三連装三基、一三センチ砲連装八基、四五ミリ機銃四連装一〇基、二五ミリ機銃四連装一〇基、装甲（主甲帯）二〇〇ミリ、（甲板）五〇ミリ＋七五ミリ＋二〇ミリ、速力三二ノット、航続力一五ノット—六〇〇〇海里（全案おなじなので以下略）、乗員一九〇〇名。

●第二案

基準排水量三万八〇〇〇トン、兵装三〇・五センチ砲三連装三基、一三センチ砲連装八基、四五ミリ機銃四連装一〇基、二五ミリ機銃四連装一〇基、装甲（主甲帯）一五〇ミリ、（甲板）第一案におなじ、速力三二・五ノット、乗員一五〇〇名。

●第三案

基準排水量三万トン、兵装二二センチ砲三連装三基、一三センチ砲連装六基、四五ミリ機銃四連装八基、二五ミリ機銃四連装六基、装甲（主甲帯、甲板）ともに第二案におなじ、速力三三・五ノット。乗員一七五〇名。

第一案は海軍、第二案は造船省、第三案は両者共同の推薦である。

スターリンは一九四八年三月に、このなかから排水量四万トン、三〇・五センチ砲装備、舷側装甲二〇〇ミリの第一案に承認をあたえた。政府は八月に「プロジェクト82重巡の設計と建造命令」を発し、第一七中央設計局のデイコヴィッチを主任設計官に任命した。

この一九四七年案では、航空兵装は艦尾にうつされているが、艦上の諸配置は「プロジェクト69」のクロンシュタット級によく似ており、その改訂版ともいえる。

ミサイル搭載の夢も出現

この時期、第一七中央設計所で、巡洋艦へのミサイル装備の初期研究が開始されたことは注目に値しよう。それは「F25」計画とよばれるもので、「プロジェクト82」重巡、「プロジェクト83」重巡（旧独巡リュッツオゥ）、「プロジェクト68 b・i s」軽巡（スヴェルドロフ級）に大型ミサイルを装備しようとするもので、一九四七年後期頃にはじめられたようである。

1947年6月、大西洋上における米空母ミッドウエー飛行甲板から発射された瞬間のV2号ロケット

当時のミサイルはドイツ軍が開発したV1号、V2号を改良したもので、いずれもかなり大型の弾体であり、「プロジェクト82」重巡以外は断念されたらしく、同型へのミサイル装備試算三案が残されている。

それによれば、V2号から発達したR－1弾道ミサイルをオープン式、または三連装砲塔式の発射台に一二～二二基装備するもので、主砲塔はすべて撤去して、装甲も一〇〇～一五〇ミリに下げることにより、基準排水量は三万六〇〇〇～八〇〇〇トンていどに収まるみとおしである。

断片的な資料しか残されてないので詳細は不明であるが、そのスケッチの一つによると、前後主砲塔を撤去した跡に、ミサイル発射台とミサイル格納庫をかねた大型の構造物がもうけられ、片舷四基、両舷前後あわせて一六基の防熱板付き発射口が開口している。対空火器は一三センチ両用砲と四五ミリ機銃のみである。

「プロジェクト82」(1949年案)

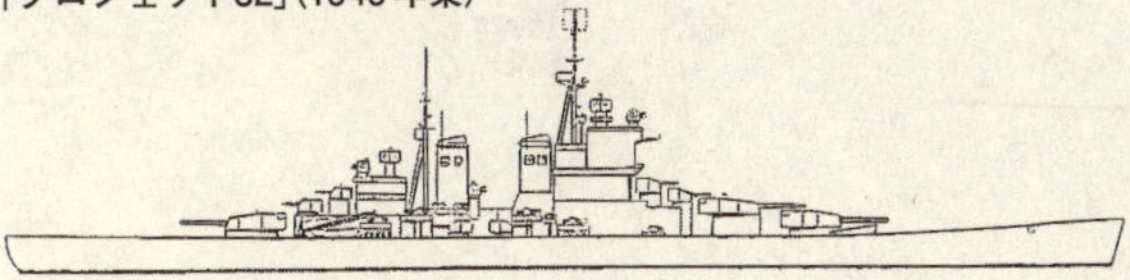

しかし、設計者にとって最大の難題は、ミサイル発射のさい、発射台を固定させるために、艦を停止させねばならないことであった。そのうえ、R－1ミサイルは発射準備に三時間も要し、戦場で緊急の対応が困難なことも判明した。

結局、これらを解決できず、上記の試算報告は海軍と造兵省に提出されたが、このときの大型艦へのミサイル装備は断念されることになった。

一九四七年八月、砲装備の「プロジェクト82」重巡の設計案が提出された。一九四八年三月、政府はこれを再検討したが、スターリンは装甲の強化を望んだし、海軍と造船省からは、もっと最新の戦術や技術を採りいれるよう要望が出され、第一七中央設計局は設計案の修整作業にはいった。

一九四九年三月までにいくつかの問題は解決されたが、一三センチ砲の配置とボイラーの区画処理で意見がわかれ、四案がつくられて再検討された。

当初の計画では、一九五〇年第三四半期には最初の二隻が着工の予定になっており、スターリンの関心の高い艦だけに、作業はいそがねばならなかった。

「10ヵ年建艦計画」によって新たに提案された「プロジェクト82」
巡洋艦の最終原案となる３万9500トンの1949年案の完成想像図

一九四九年九月に原案がようやく完成した。それは基準排水量三万九五〇〇トン、速力三二ノットとされ、兵装は原案どおりと見られるが、その他の要目資料は残されていない。

そのモデル写真をもとに研究者が作成したのが一九四九年案側面図で、イラストもこれにもとづいている。

一九四七年案とくらべ、前檣構造物の大型化、機関配置の変化、一三センチ砲の一部中心線配備、レーダーの変化、航空兵装の廃止などが看取され、戦術の変化や技術の進歩がうかがえよう。

しかし、この案にもスターリンは難色を示したのである。

⑭ 一番艦スターリングラード着工

独裁者は高速艦がお好き

「プロジェクト82」重巡の一九四九年設計案は、第一七中央設計局により同年九月に完成して、その検討会議がひらかれた。その席上、スターリンはデイコヴィッチ設計官にたいし、「この艦は、兵装や装甲のおとる敵巡洋艦を追撃するために、あるいは、兵装や装甲のまさる、もっと強力な敵艦から逃れるために速力を増すことは可能か」と質問をした。

ここでいう強力な敵艦とは、アメリカ海軍のアイオワ級戦艦をさすものと思われ、前回の検討会議以降に、ジェーン軍艦年鑑の最新版を見ての発言であったとみられている。設計案の速力は三二ノットであったが、同年鑑一九四八年版は、アイオワ級の速力を三三ノットとしながら、就役後、三五ノットに達したと注記していたのである。

ちなみに、同年鑑記載のアメリカ最新重巡ボルティモア級およびオレゴン・シティ級の速力は三三ノットであった。

スターリンの意図を察した政府は、「プロジェクト82」一九四九年案を、「排水量が過大で速力が不足」との理由で却下し、第一七中央設計局に、排水量を三万六〇〇〇トンに減じ、速力を三五ノットに高めて設計しなおすよう命じた。

しかし、これは困難な作業であった。排水量を落とすには、装甲重量を減らす必要があった。米重巡との交戦を考えれば、対二〇センチ砲弾防御は保持せねばならず、速力の増加は機関重量や搭載燃料の増加が予想され、そのバランスを設計のうえでどう調整するかが問題であった。

一九四九年度案で、速力三三ノットを出すのに必要な機関出力は二二万馬力と算出されたが、排水量を落としても速力を三五ノットに高めるには、二八万馬力が必要であった。そのため、タービン一基あたりの出力も五万五〇〇〇馬力から七万馬力に引き上げねばならない。

これは「プロジェクト23」のソヴィエツキー・ソユーズ級の機関とおなじ出力である。機械室がせまくなるばかりか、重量も一二〇〜一五〇トン増加することになる。原案ではスヴェルドロフ級軽巡ていどの主機を四基搭載することを想定していたが、さらに効率の高い主機関と主缶をさがさねばならなかった。

機関区画の拡大は上甲板の煙路スペースを増加させ、兵装配置にも影響をあたえた。一九四九年案では一三センチ連装砲は前後構造物上の中心線上に背負い式に配置されていたが、

軽巡洋艦スヴェルドロフ級の主砲となった6インチ3連装砲塔

後部の二基は弾薬庫とともに中央部両舷にうつされ、後部構造物上に装備予定の主砲射撃装置は廃止された。

排水量の減少は船体を縮小させたので、高速化により機関容積の比率は、さらに増大する結果となった。

第一七中央設計局は「プロジェクト24」戦艦や「プロジェクト82」重巡のほかに、「プロジェクト68K」（チャパエフ級）、「プロジェクト68bis」（スヴェルドロフ級）、「プロジェクト65」（新型）軽巡の設計を担当して過重になってきたので、一九四八年一月に「プロジェクト65」は不定延期となり、この年にその一部をL中央設計局として分離し、戦艦と重巡の設計を担当させた。

これは一九四九年十月に第一六中央設計局として独立し、主任設計官に経験豊かなF・E・ベスポロフが任命された。

新設計局の最優先課題は「プロジェクト82」の設計をまとめることであった。

スターリンの〝手の長い海賊〟

一九五〇年三月四日、クレムリンで「プロジェクト82」重巡にかんする会議がひらかれ、スターリン、ユマシェフ、新造船相となったマリイシェフなどが出席した。第一六中央設計局から修正にもとづく作業の報告と討議がおこなわれた。

その席で、海軍側から上述のような修正にたいし、「戦闘力を犠牲にしてまで高速力をはかる必要があるのか」といった疑問が出されたらしい。

するとスターリンは、新重巡について、

「（敵の）重巡と交戦する必要はない。その主要任務は軽巡の制圧だ。この艦は高速力により敵の軽巡部隊に突入し、相手を混乱させ、分裂させて、撃滅するのだ。重巡はツバメのように飛びまわり、海賊や山賊のように襲いかかるのだ。そのために、三五ノットに増速させる必要があるのだ」

と主張したという。

この場合、交戦相手の重巡は条約型重巡ではなく、アラスカ級や、より強力な戦艦アイオワ級をさすものと考えられる。

スターリンは以前から、この重巡を〝手の長い海賊〟とよんでいた。それは、第二次大戦初期にドイツ海軍が示したような、広い海域を単艦行動して船団を襲う通商破壊艦を意味するものではなく、戦闘力の弱い相手とは交戦して撃破するが、強力な敵とは戦闘を避け、高速を利して離脱をはかるという、相手におうじて神出鬼没の活躍をする〝海賊〟だったようである。

またスターリンは、排水量削減策にも言及して、射高一万六〇〇〇メートルの一三センチ両用砲では、高度五〇〇〜一五〇〇メートルで来襲する攻撃機にたいしては有効な弾幕を張れないので、対空機銃を増備した方がよいと主張し、さらに弾薬搭載量を減らすべきだ、といい出した。

これにたいしユマシェフや海軍士官が、米英海軍艦艇の弾薬搭載量を例にあげて反対をとなえると、スターリンは、

「基地から離れて大洋で作戦に従事する米英海軍とは状況がことなるので、そのまま模倣しない方がよい。我々は外洋での戦闘は考えていない。大陸沿海で戦うのだから、大量の弾薬を搭載する必要はないのだ」

と反論した。

一〇ヵ年計画で大艦隊の建設をくわだてながら、米英海軍のような外洋型海軍を創設する意思のないことが、これで明確になった。

対空火器の減少にたいしては、さらに異論もでたが、スターリンは、

「なんで艦上に多数の高角砲を装備する必要があるのだ。この重巡が洋上を単独で行動して、

航空攻撃をうけるとでも考えているのか。本艦はつねに小型艦艇に護衛されて行動しており、これらが十分な対空護衛をおこなうのだ」

と強弁してゆずらなかった。

以上のほかにスターリンは、重量軽減策として、航続距離の短縮と水中防御の縮小を検討するよう命じた。そして、「プロジェクト82」重巡の配備海域は、第一に黒海、ついでバルト海と明言したという。

こうして、この会議は海軍側の不満をスターリンがおさえるかたちで進行したが、設計者側には本艦の小型化と高速化を強調したとつたえられている。

この重巡の建造自体がスターリンの主張ではじめられているのだから、彼の意見を無視することはできない。その指示にしたがって変更された「プロジェクト82」の諸要件を政府が承認すると、それにもとづいて設計作業が再開された。

承認された「最終技術案」

第一六中央設計局による「プロジェクト82」の改正技術案は一九五〇年十二月に完成し、翌年二月、海軍省と造船省に提出された。これにたいして四月中旬に若干の修正がだされ、水線長は二五〇・四メートルから二六〇メートルに延長され、主甲帯は一五〇ミリから一八〇ミリに増厚されることになった。

航洋性にかんしては、当時新造中のチャパエフ級の公試実績にもとづく修正があったという。

両省による修正をほどこした最終技術案は、一九五一年六月四日に政府により承認され、建造準備にはいった。

こうして一九四一年に生まれた「プロジェクト82」重巡は、一〇年の紆余曲折をへて日の目をみることになったが、その蔭にはスターリンの重巡にたいする強い執着心があった。

一〇ヵ年計画で承認された建造隻数は四隻である。すぐに建造準備が進められ、同年暮れには一番艦が着工されることになった。

一番艦の名をとって、のちにスターリングラード級とよばれた「プロジェクト82」重巡の計画要目は、次のとおりであった。

基準排水量三万六五〇〇トン、満載排水量四万二三〇〇トン、全長二七三・六メートル、水線長二六〇・〇メートル、最大幅三二・〇メートル、最大吃水九・二メートル。

主機TV－4型ギヤード・タービン四基（四軸）、KV68型高圧缶一二基、出力二八万馬力、速力三五・五ノット、燃料搭載量五〇〇〇トン、航続距離一八ノット—五〇〇〇海里。

装甲（最大）主甲帯一八〇ミリ、甲板七〇ミリ、主砲塔七六二ミリ、司令塔二六〇ミリ。

兵装三〇・五センチ（六一口径）砲三連装三基、一三センチ両用砲連装六基、四五ミリ機銃四連装六基、二五ミリ機銃四連装一〇基。乗員一七一二名。

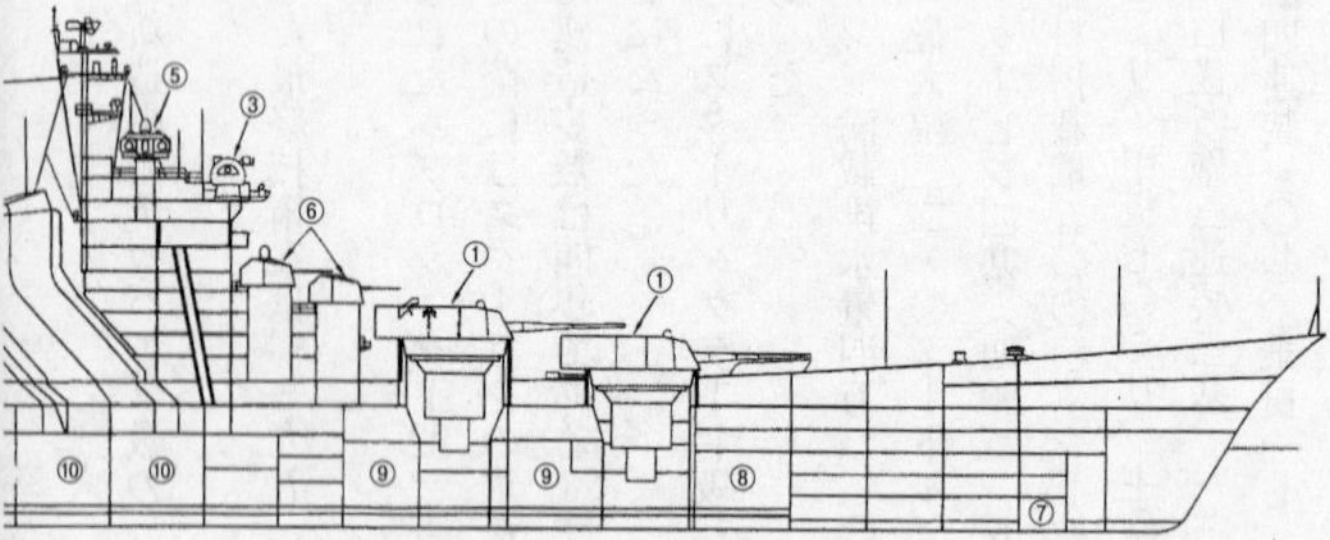

⑦ソナー室
⑧ディーゼル発電機室
⑨主砲弾薬庫
⑩缶　室
⑪機械室
⑫舵取機室

「プロジェクト82」重巡艦配置図

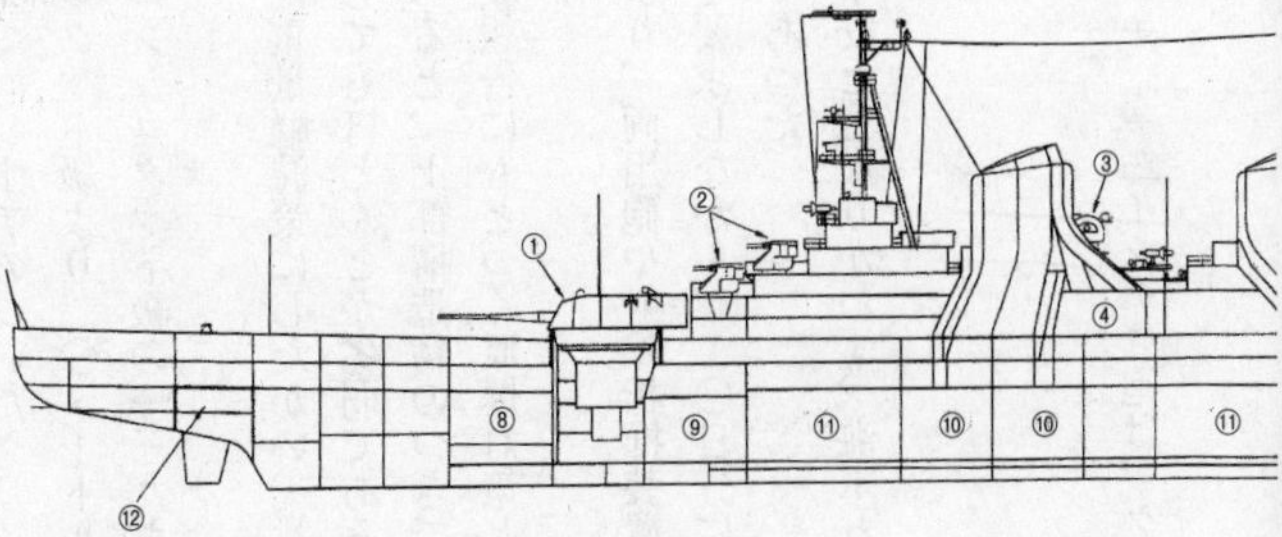

①35.5 ㎝ 3 連装主砲
②45 ㎜ 4 連装機銃
③SPN500 型射撃装置（13 ㎝砲用）
④補助管室
⑤KDP-8-10 射撃装置
⑥13 ㎝両用砲

船体は全溶接構造の平甲板型で、シーアのついたクリッパー型艦首をそなえている。全長は戦前に計画されたクロンシュタット級より二〇メートル以上も長いが、装甲は各部とも前級より劣り、重量容積比はクロンシュタット級の一三九キロ／立方メートルにたいし一二九キロ／立方メートルしかない。

これもスターリンの指示した重量軽減策にしたがい、対軽巡防御をとったためと思われ、アメリカのアラスカ級と比較してもほとんどが劣弱である。

なお、従来の主力艦とくらべると、上部構造物のつきでた部分がすくなくなっており、これはアメリカのビキニ原爆実験報告にもとづく原爆対策とされ、原爆の衝撃波軽減をはかったものといわれる。

スターリンの高速力重視により、両用砲や射撃指揮装置が減らされたことは既述のとおりだが、糧食備蓄量も一ヵ月分を要求しながら、二〇日分に削られている。これはスヴェルドロフ級より劣り、駆逐艦なみであった。

弾薬や糧食の減少は乗員の不安ともなりかねず、海軍としては容認しがたかったようである。

スターリングラード起工

主砲の六一口径三〇・五センチ（一二インチ）砲は、クロンシュタット級用の五四口径B

50型Mk-15砲を基本として、兵器担当の第三四中央設計局が開発したSM-6型砲で、性能は飛躍的に向上した。

俯仰角範囲マイナス四度～プラス五〇度、発射速度毎分三・二六発、初速九五〇メートル／秒、弾丸重量四六七キロ、最大射程五万三〇〇〇メートルで、原型砲の初速九〇〇メートル／秒、最大射程四万八〇〇〇メートルと比較しても差は歴然としていた。

このほかに第三四中央設計局は5219型とよばれる長距離砲弾を開発しており、それは弾丸重量は二三〇・五キロと通常弾より軽いが、初速一三〇〇メートル／秒、最大射程は一二万七三五〇メートルといわれた。もっとも試射は実施されず、これは計画値である。

前部主砲管制用のKDP-8-10型射撃装置は、前檣直前の構造物上に設置された。

五八口径一三センチ両用砲はBL-109型で新規に開発され、駆逐艦搭載の五〇口径砲（B-13）とはまったく異なる。

俯仰角範囲マイナス八度～プラス八三度、発射速度毎分一五発、初速一〇〇〇メートル／秒、最大射程三万二〇〇〇メートル、連装砲が艦橋構造物直前に背負い式に二基、中央部両舷に各二基配置されている。これを管制するSPN-500型射撃装置は艦橋上の主砲射撃装置直前に一基、二番煙突両舷に各一基装備される。

対空用の八五口径四五ミリ四連装機銃（毎分七五発、最大射程一万二〇〇〇メートル）六基と八三口径二五ミリ四連装機銃（毎分二〇〇発、最大射程三〇〇〇メートル）一〇基は、

スターリンの強力な後押しで1951年12月31日にようやく起工された「プロジェクト82」重巡スターリングラード級の完成予想図

中央部両舷から後部にかけて配置されている。

前檣上に主砲射撃用（光学装置と併用）の〝ザルプ〟（NATO名ハーブ・ボウ）、射撃管制用レーダーとして、一三センチ砲用に〝イアコール〟（NATO名サン・バイザー）、機銃用に〝フットN〟（NATO名スリム・ネット）と〝フットB〟（NATO名ホーク・スクリーチ）が装備されている。これら射撃関係レーダー以外に、洋上・対空用警戒レーダーなども装備されているが、繁雑になるので他の電子兵装とともに省略する。

SPN-500型射撃装置

防御力は、それぞれ高性能火薬装備の六インチ砲弾、五〇〇キロ爆弾（高度三〇〇〇メートルより投下）の砲爆撃に耐えるものとされ、艦橋構造物、司令塔、主砲塔など前部が強化された。

舷側主甲帯は、一五〇ミリの装甲が長さ約一五六メートル、幅は水線上五・二五メートル、水線下一・七メートルにわたり、一五度の傾斜角で装着され、その舷側上面には五〇ミリの防御がほどこされている。

甲板防御は上甲板五〇ミリ、中甲板七〇～七五ミリ、横隔壁一二五～一四〇ミリ、主砲塔一二五～七六二ミリ、バーベット部二三五ミリ、司令塔（前、側面）二六〇ミリの防御甲鈑がそれぞれ装着される。

機関部はギヤード・タービン四基と主缶一二基による四軸推進で、主缶は三基ずつ四缶室に分置され、前部二缶室と前機室が外軸を、後部二缶室と後機室が内軸を駆動し、出力一八万馬力により最大速力三五・五ノット、巡航速力二四ノットをだす。

主缶のKV68型ボイラーは圧力六五キロ／平方センチ、温度四六〇度Cの過熱蒸気を発生使用する計画であった。

この「プロジェクト82」重巡が、先に解説した「プロジェクト24」戦艦とデザインや機関配置もよく似ており、これもおなじ設計局で平行して作業が進められたからであろう。

建造の決定した「プロジェクト82」重巡の一番艦（建造番号400）は、一九五一年八月三十一日に艦艇リストに編入され、スターリングラードと命名されて（おなじ艦名は一九四九年三月に賠償艦としてイタリアから受領した軽巡エマヌエレ・フィリベルト・デュカ・ダオスタにあたえられていたが、本艦はケルチと改名）、同年十二月三十一日、ニコライエフの第四四四造船所で起工され、ひさしぶりに大型戦闘艦の建造が開始された。

⑮ 標的艦となったスターリングラード

クズネツォフ海相の提案

スターリンは一九五〇年二月に海軍省を独立復活させて、ユマーシェフを海相としたが、艦艇建造計画の進行の遅れに不満をおぼえて解任し、かつて海軍総司令官であったクズネツォフを一九五一年六月に海相として復帰させた。これは、一度は海軍の中枢からはずしたものの、総司令官時代の精力的な活動や経験知識が評価され、一〇ヵ年計画の達成をスターリンがふたたびゆだねたのだといわれている。

海相になったクズネツォフは、進行中の艦隊計画を点検して、空母がまったくふくまれず、巨大な重巡の建造準備が進められているのを知り、愕然とした。

彼は以前から空母必要論者であり、その護衛艦には、三〇・五センチ砲装備の重巡よりも、二二〜二三センチ砲装備の中型巡の方が有効と判断し、あらためて二二センチ砲装備の中巡の建造を提案した。これが「プロジェクト66」中巡である。

ここで関連してくるのが「プロジェクト65」軽巡である。これは一九四六年に第一七中央設計局や中央艦艇建造研究所が、米クリーヴランド級軽巡の阻止を目的として設計したもので、その基本案は基準排水量八五〇〇トン、一五・二センチ砲装備、速力三五ノットという内容であった。

これは海軍の希望に即したものではなかったので、海軍アカデミーの軽巡研究をもとに修正し、第一六中央設計局は、一二センチ砲装備のLKR－22型軽巡と一八センチ砲装備の「プロジェクト65」軽巡の基本案を翌年に作成した。

しかし、重巡偏愛のスターリンは軽巡の大口径砲装備を認めず、軽巡の主砲を一五・二センチ砲に限定させた。

そして、例の一〇ヵ年計画では、「プロジェクト68K」のチャパエフ級五隻、「プロジェクト68bis」のスヴェルドロフ級七隻、それに一五・二センチ砲装備の「プロジェクト65」軽巡一八隻、計三〇隻の軽巡建造が承認されたが、「プロジェクト65」が一九四八年一月に不定延期として設計作業が中止されたことは既述した。

完成をいそぐ「プロジェクト82」重巡と「プロジェクト68bis」軽巡は、その後に第一六中央設計局に移されたが、そのさい後者の建造隻数が七隻から二五隻に増加されたのは、中止となった「プロジェクト65」の分を補ったものと思われる。

クズネツォフは、スターリンにあらためて空母の必要性を説いたようだが、これは認められず、「プロジェクト82」重巡の建造促進に尽力することになった。

スターリンもわずか四隻の重巡で、二〇・三センチ砲装備の米重巡多数と交戦するのは困難と考えたらしく、これを補う兵力として、クズネツォフの提案した二二センチ砲装備の中巡の設計を認めて、その開発を指示した。

主砲の二二センチ砲については、試作はされなかったが、一九四五年一月にモスクワの中央造兵局で二二・九センチ六五口径速射砲の研究に着手しており、艦砲化への下地はあったようである。

「プロジェクト66」中巡

クズネツォフは一九五一年に「プロジェクト66」中巡の戦術、技術規則を承認し、第一六中央設計局は基本案を一九五二年末に作成し、第三四中央設計局は二二センチ（六五口径）砲の設計を開始した。

中型巡とはいっても、その基準排水量は二万六〇〇〇トンに達し、中巡とは称しても、船体、兵装ともに欧米海軍の重巡をしのぎ、巡洋戦艦にちかい内容であった。その基本案の計画要目は次のとおりである。

基準排水量二万六二三〇トン、満載排水量三万〇七五〇トン、全長二五二・五メートル、最大幅二五・七メートル、最大吃水八・四メートル。

主機ギヤード・タービン三基（三軸）、出力二一万馬力、速力三四・五ノット、航続距離一八ノット―五〇〇〇海里。

装甲は舷側一五五ミリ、甲板七〇～九〇ミリ、主砲／司令塔二一〇ミリ。

兵装二二センチ（六五口径）砲三連装三基、一三センチ両用砲連装四基、四五ミリ機銃四連装六基、二五ミリ機銃四連装六基。乗員一四七〇名。

そのデザイン、兵装配置などは先の「プロジェクト82」重巡とよく似ている。どちらも第一六中央設計局の手になり、82重巡の小型版ともいえよう。装甲は米重巡より強化されているが、ほぼ同大のフランス戦艦ダンケルク級には劣り、対二〇センチ砲弾防御がほどこされたようである。

三四・五ノットの高速力を出すが、航続距離は82重巡とおなじで、スヴェルドロフ級軽巡よりも短い。これは空母に随伴して洋上を広く航走するなら、問題といえよう。

主砲の六五口径二二センチ砲は第三四中央設計局が一九五三年に開発したSM6型砲で、俯仰角範囲マイナス四度～プラス五〇度、発射速度毎分五・八発、初速九八五メートル／秒、弾丸重量一七六キロ、最大射程四万九四〇〇メートルであった。

しかし、一九五三年に軍需産業を担当している重工業運輸機械建造省は「現在、対艦ミサイルの開発が最優先で進められており、重巡や中巡の新造は無理だ」と建造に難色を示し、海軍アカデミーも「プロジェクト66」中巡の戦術的価値は低い――と結論づけたため、この計画はそれ以上発展せずに中止となった。

これを承認したスターリンは前年に故人となっており、彼が健在ならば、82重巡を補助するものとして建造を押しとおしたかも知れないが、その後の建艦方針の転換もあり、このような大型艦は消えるべき運命にあったようだ。

「プロジェクト66」中巡の計画が検討されている間に、「プロジェクト82」重巡の建造はさらに進行していた。一番艦スターリングラードの一九五一年暮れの着工につづいて、同年四月三十一日に艦艇リストに編入された二番艦モスクワ（建造番号406）が、一九五二年九月二日にレニングラードの第一八九造船所（バルチック造船所）で起工された。

三番艦は未命名（アルハンゲルスクまたはクロンシュタットとする資料あり、建造番号401）で、一九五一年八月三十一日に艦艇リストに編入され、一九五二年十月二十六日にモロトフスク（現セヴェロドヴィンスク）の第四〇二造船所で起工された。

こうして、一九五二年までに三隻が着工されて建造が進められたが、なかでも一番艦の建造は優先的に推進された。そして、一九五三年十一月六日の十月革命記念日に記念イベントとして、一番艦の進水式が挙行されることになった。

予定では、一九五三年一月一日現在で一番艦スターリングラードは四二・九パーセント、二番艦モスクワは一一・五パーセント、三番艦は五・二パーセント工程が進捗することにな

米重巡群との戦闘を想定してクズネツォフ海相
が提案した「プロジェクト66」中巡の完成予想図

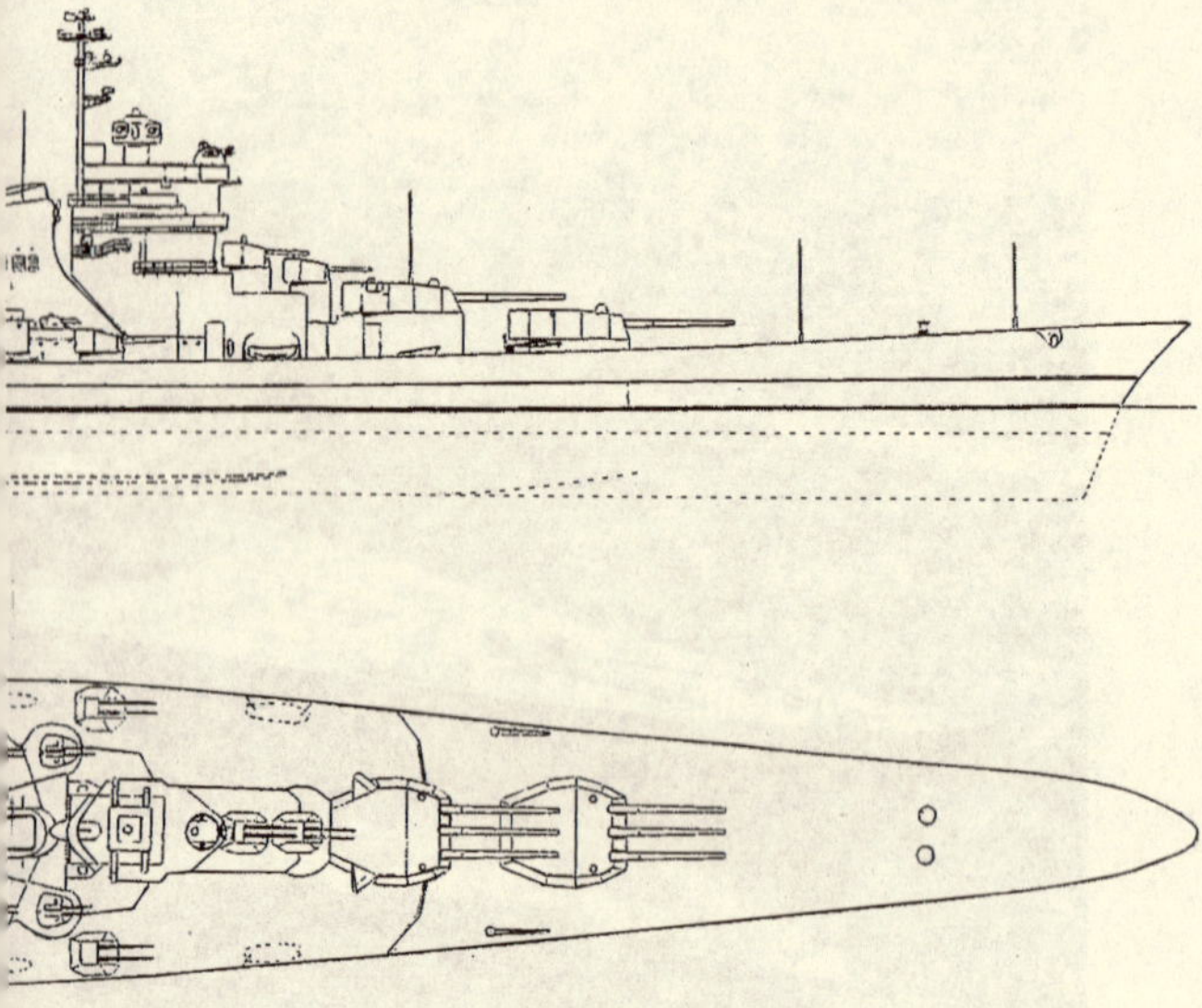

「プロジェクト82」スターリングラード級巡洋艦

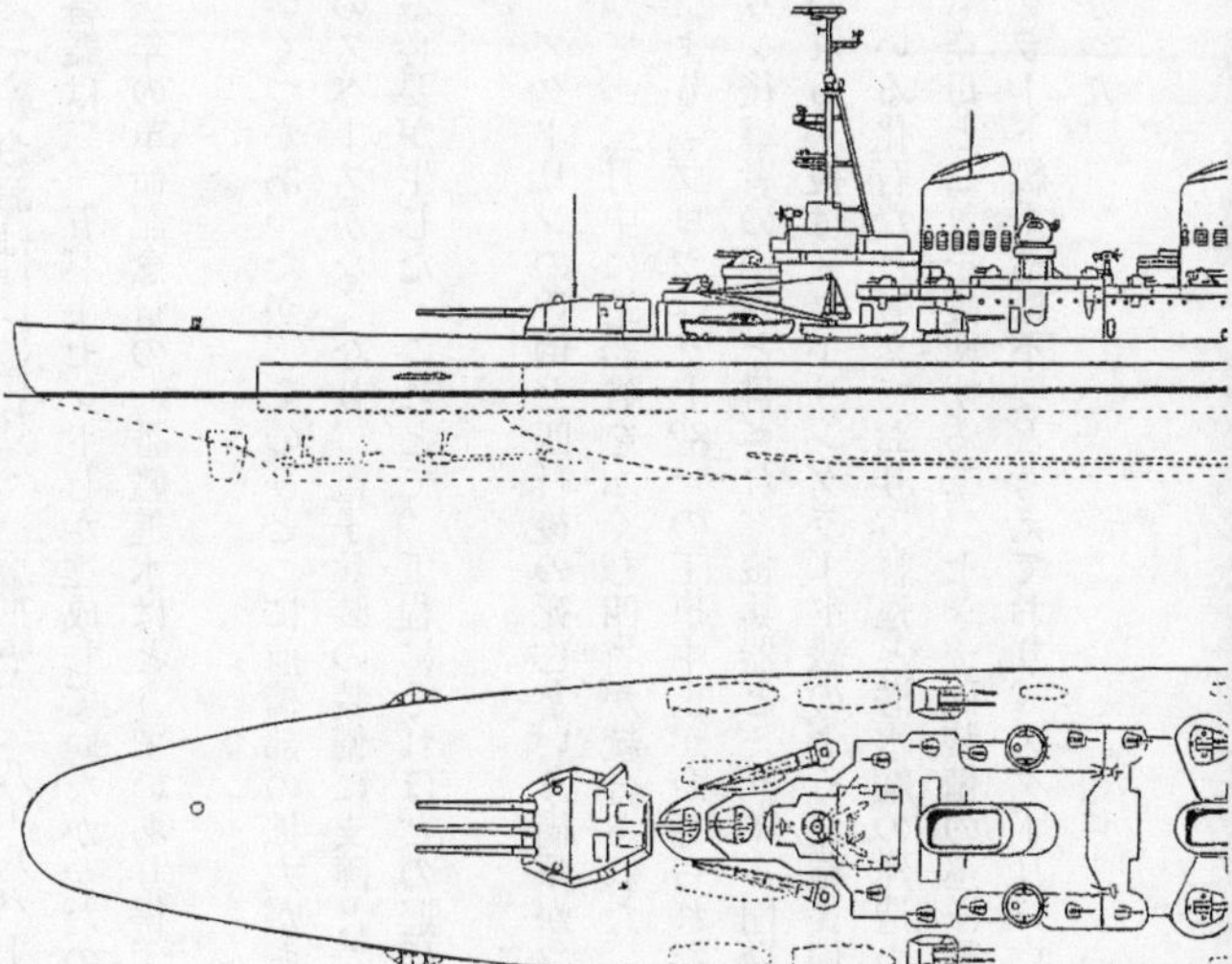

っていた。実際にはすべてがおおはばに遅れて、一番艦が一八・八パーセント、二番艦は七・五パーセント、三番艦は二・五パーセントしか達成していなかったのである。したがって、一九五三年の革命記念日の一番艦進水はとうていあり得ず、五四年春ころと見込まれた。

建造中の工事変更はいくつかあったが、そのひとつに前檣部の拡大がある。その結果、艦橋構造物と第一煙突間のスペースがなくなり、電子兵装の装備に支障となるため、その付近の配置処理をあらためる必要が生じた。これとて、工程にそれほどの遅延をもたらすものではなかったといわれる。

一九五三年三月一日、スターリンの昏倒と四日後の死亡という衝撃がソ連政府を震撼させ、混乱と組織の改変があって、三月中に造船省をふくむ四省が統合された。そして四月十八日、新しい運輸兼重工業相により「プロジェクト82」の工事中止が命じられた。

決定したのはスターリン後継者の一人と目され、核兵器とミサイル開発に関与していたラブレンチ・ベリアといわれる。彼はスターリングラード級のような砲装備の大型艦は近代戦では役に立たず、生きている化石だと考えており、軽巡と潜水艦の建造のみが承認された。

海相のクズネツォフも空母とこれを護衛する二二センチ砲装備の巡洋艦の建造には関心があったが、スターリングラード級重巡は不要と考えており、スターリン亡きあと、本級の建造を支持する者はいなかった。

標的となった重巡の末路

　これまで本級の建造についやされた労力と経費は莫大なものがあった。第一六中央設計局は一九五〇年末から五三年三月までに四万一〇〇〇件の技術資料を作成したが、その八八・六パーセントは本艦に関するものであったという。その作成に一日一〇〜一二時間をかけて尽力した関係者に、中止決定はかなりの衝撃と落胆をもたらしたようだが、第一六中央設計局の担当は、戦艦、重巡から潜水艦に切り換えられて終止符が打たれた。

　残されたのは建造中の船体の跡始末であった。二番艦モスクワと三番艦は四月十八日の中止決定により除籍されて、船台上で解体された。四番艦は起工準備がされていたが、結局は未起工のまま消滅した。

　問題はスターリングラードである。中止決定時、進水に向け約七〇パーセントの状態にあり、装甲や機関関係も取りつけられるか引き渡しを終えていて、解体にも労力と時間を要した。

　一九五三年六月、クズネツォフと協議のうえ、運輸兼重工業相は船体を兵器実験の標的として使用するよう命じた。標的改造を担当したのは、ニコライエフの第一六中央設計局の事務所で、本艦への最後の仕事となった。

標的艦に改造されたスターリングラードの船体。１９５６年、セヴァストーポリ沖で座礁

艦首部は未成であったが、艦尾はかなり出来上がっていた。艦尾を解体し、前後の防御区画に防水隔壁を取りつけた洋上標的に改造されたスターリングラード（もはやこの艦名は正しくないが、以下もこの名称を使用）は一九五四年四月十六日に進水した。

五月十九日、三隻の曳船に曳航されてニコライエフを離れた本艦はセヴァストーポリへ向かった。五月二十二日夜、強風と高波をうけて吃水の浅い船体は曳航困難となった。海水バラストを積んで努力したが、船体を放棄せざる得なくなり、セヴァストーポリ南入口付近の浅瀬に座礁した。

標的とはいえ、長さ一五〇メートル、一万五〇〇〇トンの船体である。黒海艦隊による救難作業（その参加艦艇に本艦に艦名をゆずったケルチがふくまれていて新旧偶然の顔合わせとなった）がおこなわれた。作業は難航し、爆破作業で後部区画に浸水したこともあり、ノヴォロシースク浮揚に従事していた救難隊も応援に駆けつけるありさまであった。

一年二ヵ月の苦闘のすえ、離礁に成功してセヴァストーポリに曳航されたのは一九五六年七月なかばであった。これから先の運命を知った本艦は、この航海をこばみ、沖合いで果てたかったのかも知れない。

SS－N－2Aスティックス艦対艦ミサイル

修理のうえ、スターリングラードはセヴァストーポリとエヴパトリア間の海軍射撃場へ曳きだされ、一九五六年十二月二日から二十二日にかけて標的射撃実験に供された。

軽巡アドミラル・ナヒーモフによる艦載型ストレラのKSSミサイル発射実験は七回実施され、一回はゴルシコフ大将が観閲した。ミサイルは五〇ミリ、七〇ミリの防御甲板を貫通し、第三甲板にまで達したものもあった。船体上部はかなり破壊されたが、吃水には大した変化はなく、ダメ・コンなしでも新兵器にたいし、予想以上の抗堪性を示したという。

その後も、SS－N－1スクラッパー、SS

－Ｎ－２Ａスティックスなどのミサイル実験の標的となり、一九六〇年はじめまでミサイルや魚雷、爆弾、砲弾の実験に使われ、一九六二年ごろに解体されたといわれる。

以上が、ソ連海軍が戦後に建造した重巡、実質は巡洋戦艦ともいえる「プロジェクト82」スターリングラード級の概要である。これが本書の冒頭で紹介した謎のミサイル戦艦の実体であったが、その存在は永いあいだ機密のヴェールに覆われてきた。

その存在が米海軍に知られるようになったのは、筆者の知るかぎりでは、アメリカに亡命したとみられるソ連海軍将校が、一九六四年十月に匿名でアメリカ国防大学に寄稿したソ連海軍戦略の論文が最初かと思われる。艦艇関係の書物にスターリングラードの名が記載されるようになったのは一九七〇年代後期である。

その時もミサイル戦艦とされ、基準排水量三万八四二〇トン、全長二五〇・五メートル、幅三一・四メートル、吃水八・九メートル、ケンネルＳＳＭ連装二基、三〇・五センチ砲三連装二基、一五・二センチ砲連装四基、一〇センチ高角砲連装六基、四五ミリ機銃四連装八基、出力二一万馬力、速力三三ノットという、もっともらしい数字が伝えられた。

スターリン死亡時に船体が九二パーセント、機関が二〇パーセント、兵装と艤装が一二パーセント、航海装置が五パーセント進んだ工程にあったといわれたが、すべて間違いであることは、これまでの説明でご理解いただけよう。

ただし、この情報がソ連側の情報操作によるものか、他からまぎれこんだデマ情報なのかは定かでない。しかし、五〇年代のミサイル戦艦情報には、情報攪乱的な意図がうかがえるようである。

一九四七年ころのR－1ミサイルに関する艦載研究の状況を紹介したが、R－1ミサイルの原型であるV2号ロケットを、アメリカ海軍は四七年九月六日に空母ミッドウェー上で射出に成功しているのだから、彼我のミサイル技術の格差は歴然たるものがあった。

そのうえ、ケンタッキーのミサイル戦艦改装の情報が流れたのだから、焦りを感じて、このような行動に出たのではなかろうか。噂の源となったスターリングラードが、最後にミサイルの標的とされたのも、皮肉な結末のように思われる。

⑯ よみがえった巡洋戦艦

スターリングラードの幻

「プロジェクト82」重巡三隻が一九五一～五二年に着工されたが、一九五三年のスターリンの死亡により建造中止となり、一番艦スターリングラードが洋上標的に改造されてミサイル射撃実験に使用された経緯は説明した。本級を実際にミサイル装備艦に改造する計画があったとする資料も存在するので、それについて触れておきたい。

それによれば、一九五〇年代初めに「プロジェクト82R（Rはrakethyiの頭文字でミサイル装備艦の意）」として、P35型対艦巡航ミサイル（NATO名SS－N－3Bシャドック）発射機四連装各一基を三〇・五センチ三番砲後方と三番砲前方に装備し、上構内に同ミサイル二四発を搭載する。主兵装と一三センチ両用砲は変えずに、軽火器を七・六センチ砲連装一二基と五七ミリ機銃四連装六基に換装するというもので、この改装により基準排水量は三万八五〇〇トンに増加した。

82Rは、着工後日の浅い「プロジェクト82」三番艦を改装するほか、三隻を新造する計画であったが、一九五五年十月に中止となったという。

これが事実なら、例のミサイル戦艦も計画だけはあったことになる。ソ連政府がP35型ミサイルの設計を第五二設計局に依頼したのは一九五六年八月、その装備実験艦として巡洋艦ヴォロシロフの改造に着手するのが一九五九年八月であり、時期的なずれが大きく、現実にはあり得ないことは明白である。これも本級にまつわる怪情報の一つであろう。

実際にP35型ミサイルを発射するSM70型四連装発射機を最初に装備したのは、一九六〇年に建造が開始された「プロジェクト58」キンダ型ミサイル巡洋艦であった。

建造中止となった「プロジェクト82」の未成船体の始末は先に紹介したが、搭載予定の兵器についても、それぞれ転用された。

主砲の六一口径三〇・五センチ砲は列車砲に、五八口径一三センチ両用砲は建造中の「プロジェクト56」（NATO名コトリン型）駆逐艦の主砲に、四五ミリおよび二五ミリ機銃はその後の汎用対空火器として利用された。また、船体や艤装の建造経験は、その後の大型艦建造に生かすことを得、貴重な技術成果をもたらしたという。

なお、「プロジェクト41」（NATO名タリン型）駆逐艦として一九五五年に一隻だけ竣工したネウストラシミイ（三一〇〇トン）は、ほんらいスターリングラード級重巡の護衛用

P35型対艦巡航ミサイルの4連装発射機を装備するキンダ型巡洋艦

として計画されたもので、本艦装備の四五ミリ四連装機銃も重巡搭載予定の兵器だったという。重巡の建造が中止となったので、大型駆逐艦の建造も一隻で打ち切られた。五三・三センチ魚雷発射管五連装二基を装備する強雷装艦であった。

「プロジェクト82」の計画要目のうち、装甲（最大）について、主甲帯が一八〇ミリ、司令塔が二六〇ミリにたいし、主砲塔が七六二ミリと異様に強化されているのを不審に思われた方もあったかも知れない。

これをもうすこし詳しく説明すると、砲塔前楯二四〇ミリ、天蓋一二五ミリ、側楯二二五ミリ、後楯四〇〇〜七六二ミリと砲塔背面が二層、三層にわたって防御甲鈑がほどこされている。これは砲塔旋回時の重要バランスを配慮したものとされ、とくに砲塔後楯強化を意図したわけではないようである。

スターリンの死亡により以後、戦艦や重巡が計画されることはなくなったが、スターリングラードの未完成を惜しむ声はロシア人のなかにもあるようだ。

クズネツォフの後任として海軍総司令官となったゴルシコフ

が一九七〇年代にまとめた論文のなかで、大戦中の米ソ両海軍の主要艦艇を比較するさい、「戦前に起工された」ものとして、戦艦ではソヴィエツキー・ソユーズ、重巡ではクロンシュタットと未成艦の名をあげて、アメリカのアイオワやアラスカと対比させているのも、そうした意識のあらわれといえよう。

系譜を受けついだ戦闘艦

「プロジェクト82」重巡が建造中止となって二十数年の歳月が流れた。東西両陣営の対立がつづくなかで、ソ連海軍は潜水艦の増勢と艦艇のミサイル化に力をそそぎ、六〇年代にはいってミサイル巡洋艦、ミサイル駆逐艦などの水上戦闘艦艇も新型艦が登場し、七〇年代には初の空母キエフ級も就役させて西欧側に衝撃をあたえた。

一九七八年にレニングラードでソ連海軍の大型水上艦の建造が確認された。ジェーン軍艦年鑑の編集長J・E・ムーア氏が一九八〇年版で、この艦を「巡洋戦艦という古い呼称がふさわしい」と評したことから、当時、新聞や一般誌にも巡洋戦艦の解説が載ったことがあった。

これがソ連の原子力ミサイル巡洋艦キーロフ級である。この時も、一時その艦名としてソヴィエツキー・ソユーズという、かつての未成戦艦の名が噂されたこともあって、そのイメージをふくらませたりもした。

508　USSR / Battle cruisers

BATTLE CRUISERS
1 + 1 "KIROV" CLASS

Name	*Builders*	*Laid down*	*Launched*	*Commissioned*
KIROV	Baltic Yard 189, Leningrad	June 1973	Dec 1977	July 1980
—	Baltic Yard 189, Leningrad	Jan 1978	May 1981	late 1983

Displacement, tons: 22 000 standard; 28 000 full load
Dimensions, feet (metres): 813.6 × 93.5 × 32.8 (screws) *(248 × 28.5 × 10)*
Aircraft: 3 Hormone helicopters
Missiles: SSM; 20—SS-N-19 (no reloads);
SAM; 12—SA-N-6 (96 missiles),
2—SA-N-4 (twins) (40 missiles);
ASW; 2—SS-N-14 (twin) (14 missiles)
Guns: 2—100 mm (singles); 8 Gatling 30 mm (see *Gunnery* note)
Torpedo tubes: 8—21 in *(533 mm)* (quads)
A/S weapons: 1—12-barrelled RBU 6000 (forward); 2—6-barrelled RBU 1000 (aft)
Main engines: 2 nuclear reactors and oil-fired superheat boilers for steam turbines; 100 000 shp
Speed, knots: 32
Complement: 900

This class (originally classified as BAL COM 1 by NATO) of similar dimensions and speed to the battle-cruisers of the past is a continuation of the Soviet plan for large dual-purpose ships first seen in the "Kiev" class. She is a self-contained element coming between the "Kara" and "Kiev" with a much-enhanced range due to nuclear propulsion. The similarity between this design and that of the US Navy's Strike Cruiser is apparent. The tasks of the latter, "Screening ships for carriers in high threat areas but also undertaking independent operations", could also be true of the "Kirov" class. As the support for a nuclear carrier or as the focus of a task force including the new cruisers and the "Kara", "Krivak" and "Ivan Rogov" classes with support from "Berezina" or "Boris Chilikin" classes they would form a formidable intervention force, with VTOL and helicopter aircraft as well as a full outfit of missiles and heavy guns. The second has a modified superstructure and armament although the SS-N-19 and SA-N-6 missile fits are the same. The guns are reported as being twin 130 mm probably similar to the new mountings in the "Sovremenny" class. Further ships may be built in the late 1980s after trials and evaluation of the "Kirov" class.

Electronics: Eight Side Globe, four Rum Tub, two Round House (ECM)

Engineering: The first Soviet surface combatant with nuclear propulsion.

Gunnery: Second of class reported as having 130 mm guns instead of 100 mm

Missiles: The introduction of the SA-N-6 missile with a ceiling of about 100 000 ft, a range between 6 and 40 miles, a 200 lb warhead and a speed of Mach 6 has provided a formidable new anti-aircraft missile defence. The SS-N-19 tubes are set at an angle of about 45 degrees. The range of these missiles requires external targeting, either a Hormone B from the hangar below the quarter-deck or from a satellite using the embarked sat comm equipment.

Radar: Surveillance: One Top Pair (Top Sail + Big Net), one Top Steer.
Missile control: Two Eye Bowl (SS-N-14), two Top Dome (SA-N-6); two Pop Group (SA-N-4).
Gun control: One Kite Screech (100 mm); four Bass Tilt (Gatlings).
Navigation: Two Palm Frond or Don Kay
CCA: One set on main mast

Sonar: Hull mounted and VDS

Soviet type name: Atomny raketny kreyser meaning nuclear-powered missile cruiser

KIROV　　1982, Royal Danish Navy

キーロフを「巡洋戦艦」としたジェーン軍艦年鑑

ソ連海軍内部でも、本級の建造を知った海軍関係者のなかから、「スターリンの巡洋艦の再来だ」との声があがったという。スターリンの巡洋艦とは、当然、重巡クロンシュタット級またはスターリングラード級をさすものと思われ、ムーア編集長の巡洋戦艦と同義語といえよう。

すなわちキーロフ級（「プロジェクト26」の同名艦と区別するために「プロジェクト1144」を冠する必要がある）は、洋の東西で重巡・巡戦として認められたことになり、スターリングラードの系譜を受けつぐ大型戦闘艦として、とりあげることにしたい。

「プロジェクト1144／11442」キーロフ級は、空母をのぞく戦後最大の水上艦であるが、同時に、ソ連海軍最初の原子力ミサイル巡洋艦である。それで、その前史として、ソ連原子力巡洋艦の計画史から解説にはいることにしたい。

戦後にアメリカ海軍が建設した原子力空母機動部隊は、空母をもたぬソ連海軍には脅威の象徴であった。これを阻止するものとして、ソ連海軍は巡航ミサイル潜水艦の建造に力をそそいだ。原子力潜水艦が登場して、米ソ間の潜水艦競争は弾道ミサイル装備の戦略原潜建造へ発展し、アメリカ海軍のポラリス原潜部隊も、ソ連海軍の新たな脅威となった。

ソ連海軍は潜水艦だけでなく、対艦ミサイルを大量に装備できる水上艦も必要となり、ポラリス原潜を阻止する対潜艦も建造せねばならなかった。同時に個艦防衛能力も高めるため、諸機能をそなえた艦は必然的に大型化せざるを得ない。

ソ連海軍が着目したのは、一九六一年にアメリカ海軍が建造した原子力ミサイル巡洋艦ロング・ビーチ（一万四二〇〇トン）である。ミサイルを大量に装備するとともに、長期にわたって行動可能な原子力ミサイル巡洋艦を敵機動部隊に張りつけておけば、有事のさいに先制してミサイル集中攻撃を浴びせて撃滅することも可能となる。

ソ連海軍が原子力ミサイル巡洋艦の建造を思いついた背景には、このような世界情勢があった。

一九五六年に最初の原子力ミサイル巡洋艦「プロジェクト63」の設計が開始された。

当時、潜水艦や砕氷船用の原子炉は開発されていたが、巡洋艦用としては出力がたりず、新規に設計する必要があった。その防御試験には、標的船となったスターリングラードが使用されたといわれる。

排水量約二万トン、戦略巡航ミサイル二発、対艦巡航ミサイル六～八発、対空ミサイル一二発装備、速力三二ノットの設計案が作成され、検討されたが、原子炉の開発が遅れ、ミサイルも一部設計段階であったため、一九五八年に中止となった。

その後、六〇年代にかけて「プロジェクト81」（一万一〇〇〇～一万三〇〇〇トン、SSM三～八発、SAMシステム装備、速力三一ノット）および「プロジェクト1126」（一万トン、長距離SAM連装二基、中距離SAM連装二基装備、速力三三～三四ノット）の両防空巡が設計されたが、いずれも原案段階で中止となった。

ソ連海軍は米空母機動部隊と戦略原潜群に対処するために、原子力防空艦と原子力対潜艦をセットにした「二隻戦法」を考案したが、米海軍の全原潜を阻止するには五〇隻以上の原子力艦が必要となり、経済的にも実現不可能と悟って中止となった。

一九六三～六六年に海軍設計局から、対艦対空兼用ミサイルおよび対潜ミサイルを同時に管制する多目的長距離ミサイル・システムが提案されたが、これを実現しても「二隻戦法」での勝利は難しく、以後、原子力対潜艦と原子力防空艦は、それぞれ別の計画として引きつがれることになった。

よみがえった「巡洋戦艦」

「プロジェクト1144」原子力ミサイル巡洋艦は一九六八年頃、第五三設計局が担当して設計が開始された。「プロジェクト１１６４」ミサイル巡洋艦スラヴァ級（九三〇〇トン）をベースに主機を原子力化したもので、Ｐ７００型グラニトとＰ５００型バザルト対艦巡航ミサイルやＳ３００型対空ミサイルの装備が検討された。

当初、その護衛用に「プロジェクト１１６５」原子力護衛艦も計画されたが、一九七一年八月に二タイプの新型艦同時開発は不経済として、両型を統合した新「プロジェクト１１４４」の開発がつづけられることになった。

その原案は多目的ミサイル・システム、または近接防御ミサイルなど装備の排水量約九〇〇〇トンの対潜艦であったが、新型ミサイルの登場により排水量が増大し、呼称も原子力大型対潜艦から原子力対潜巡洋艦にあらためられ、一九七一年四月に原子力ミサイル多目的巡洋艦として開発することが承認された。

さらに、六月に海軍総司令官ゴルシコフ元帥が原子力ミサイル重巡洋艦に類別するよう指示、二転、三転した「プロジェクト１１４４」の艦種名称も落ちつくことになった。

「プロジェクト１１４４」原子力ミサイル巡洋艦の一番艦キーロフ（建造番号８００）は一九七四年十月六日、艦艇リストに入籍し、同年三月二十六日、レニングラードのバルチック造船所で起工され、一九七七年十二月二十七日進水、一九八〇年十二月三十日竣工した。

新造時の要目は次のとおり。

基準排水量二万四三〇〇トン、満載排水量二万六三九六トン、全長二五一・二〇メートル、最大幅二八・五〇メートル、満載吃水一〇・三三メートル。

主機GTZA653型ギヤード・タービン（CONAS推進）二基（二軸）、原子炉KN－3型加圧水炉二基、補助缶KVG2型水管缶二基、出力一四万馬力、速力三一・〇ノット、燃料搭載量一 一二〇トン、航続距離三〇ノット―一万四〇〇〇海里。

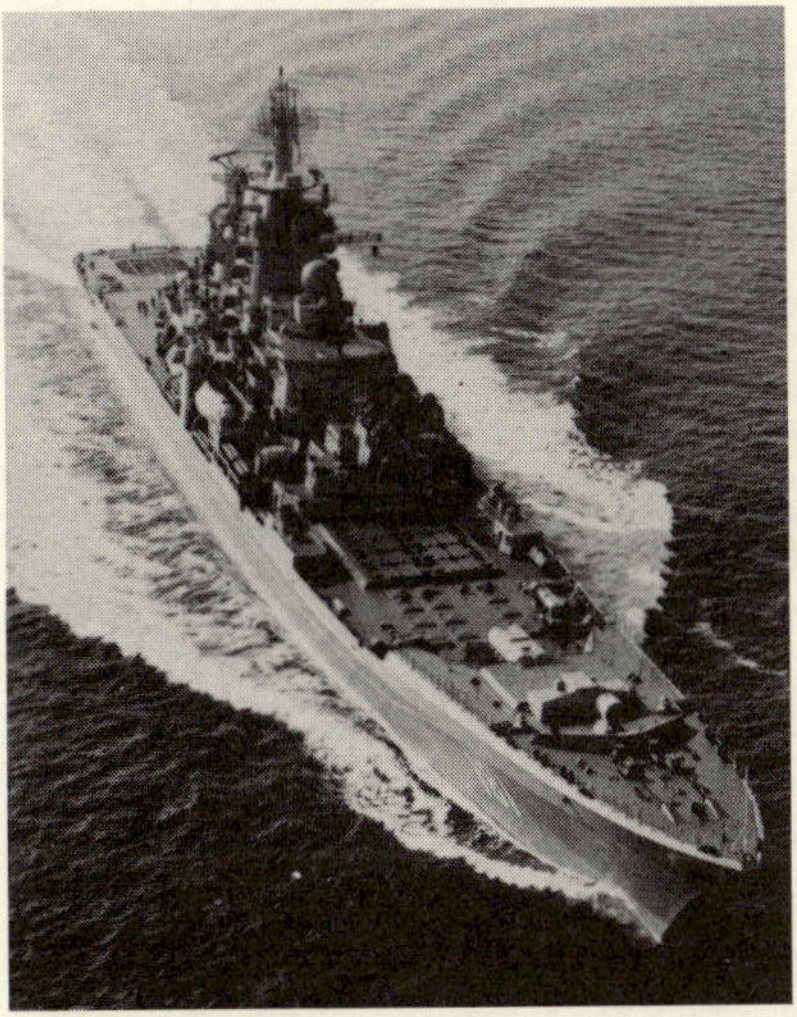

バルト海で公試運転中のミサイル巡洋艦キーロフ。イギリス海軍により撮影されたもので「巡洋戦艦」と記されている

装甲（重要区画防御）三五～一〇〇ミリ。

兵装はP700型（SS－N－19）SSM（VLS）二〇基、S300F型（SA－N－6）SAM（VLS）八連装一二基、オーサM型（SA－N－4）短SAM連装二基、RPK3型（SS－N－14）SUM連装一基、一〇〇ミリ単装両用砲二基、三〇ミリCIWS八基、RBU6000型一二連装対潜ロケット二基、RBU1000型六連装対潜ロケット二基、五三・三センチ五連装魚雷発射管二基、Ka27PL型対潜ヘリ二機、

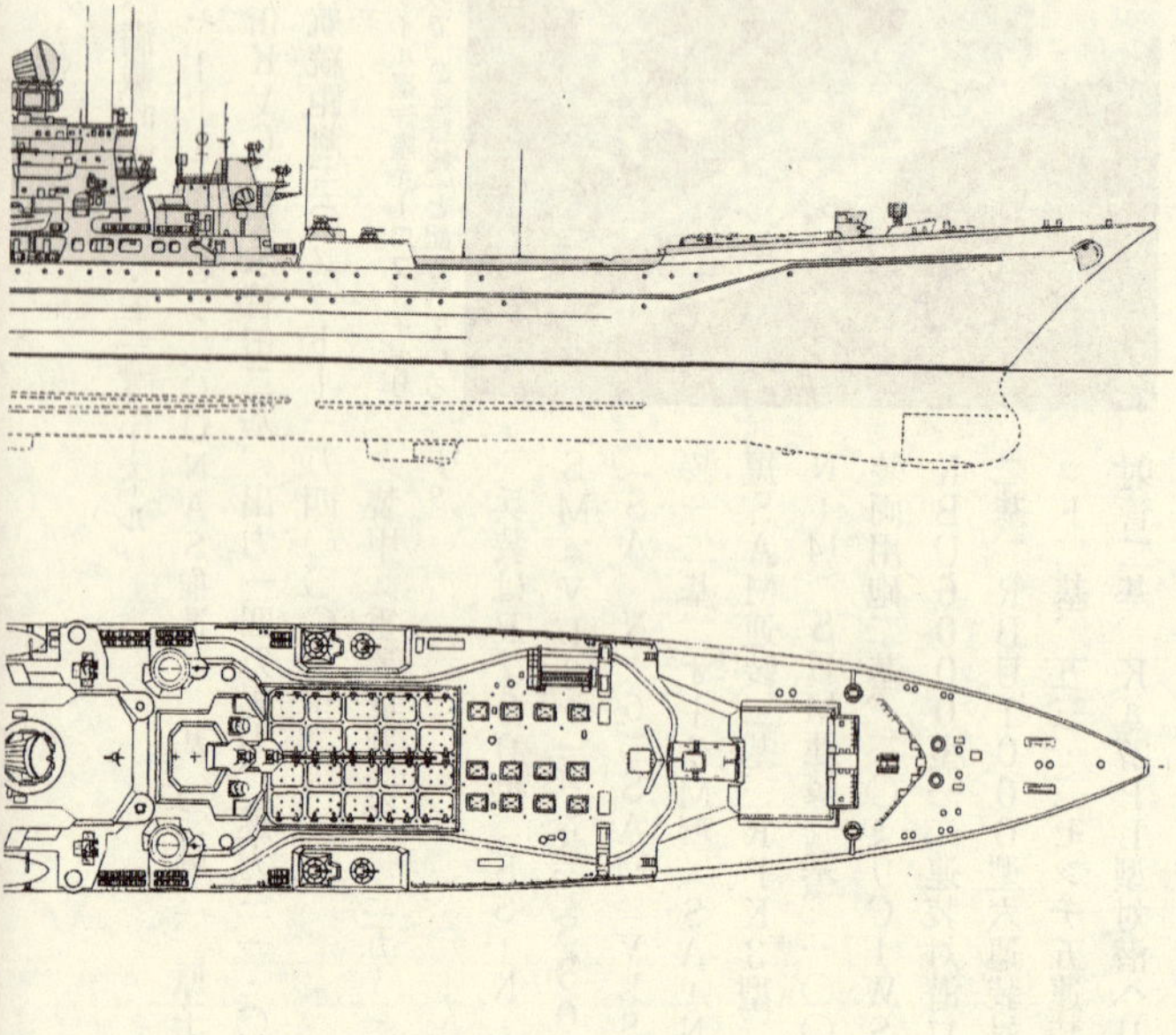

「プロジェクト1144」キーロフ（新造時）

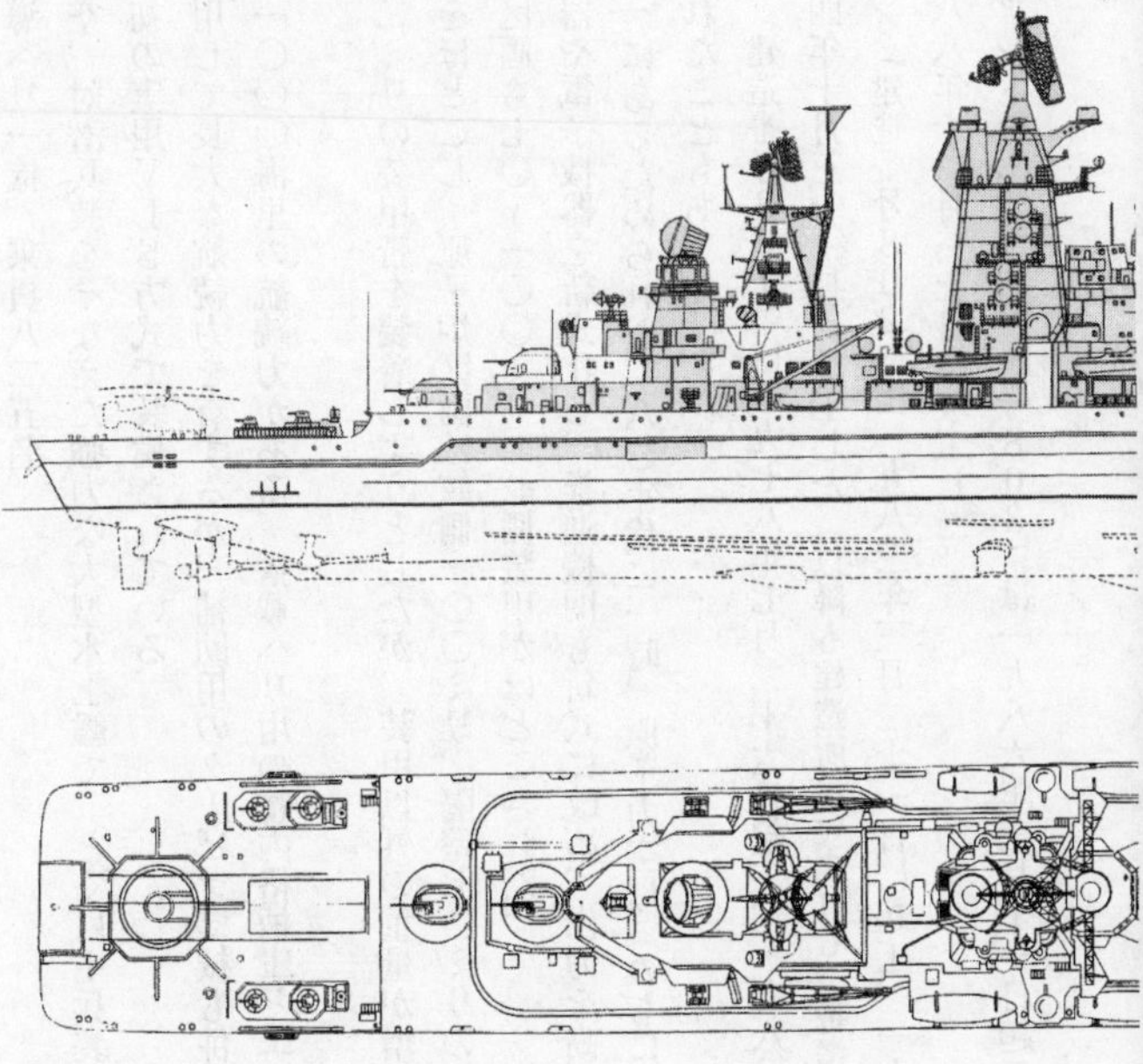

Ｋａ25ＲＴｓ型誘導ヘリ一機。乗員八二五名。

有力な対艦、対空、対潜兵装をそなえた強力な大型水上艦で、とくに主兵装の対艦、対空ミサイルは世界最初の実用ＶＬＳ方式で装備されている。

原子力推進を採用して長大な航続力を有するが、補助用のタービン機械も併載し、これのみで一四ノット―一〇〇〇海里の航続力がある。搭載ヘリ用の艦内格納庫とエレベーターもそなえている。

装甲は当初一五二ミリの装甲帯を装着しようとしたが、装甲以外の重量が増したため、重要区画にのみ防御をほどこし、原子炉区画は舷側一〇〇ミリ、隔壁七〇ミリの箱型装甲とした。対艦ミサイル区画も七〇～一〇〇ミリの舷側装甲がほどこされた。

第二艦以降は兵器や電子機器を新式化し、推進機関も新式に改め、出力を高めた「プロジェクト11442」にあらためられた。八〇年代に一時、原子力空母（のちに建造中止）の護衛任務が検討されたこともあった。

二番艦フルンゼ（建造番号801）は一九七八年七月二十六日起工、一九八一年五月二十六日進水、一九八四年十月三十一日に竣工した（以降も建造所はいずれも一番艦とおなじ）。

三番艦カリーニン（建造番号802）は一九八三年三月二十一日に起工、一九八六年四月十二日進水、一九八八年十二月三十日に竣工した。

四番艦ユーリ・アンドロポフ（建造番号803）は一九八六年三月十一日起工、一九八九

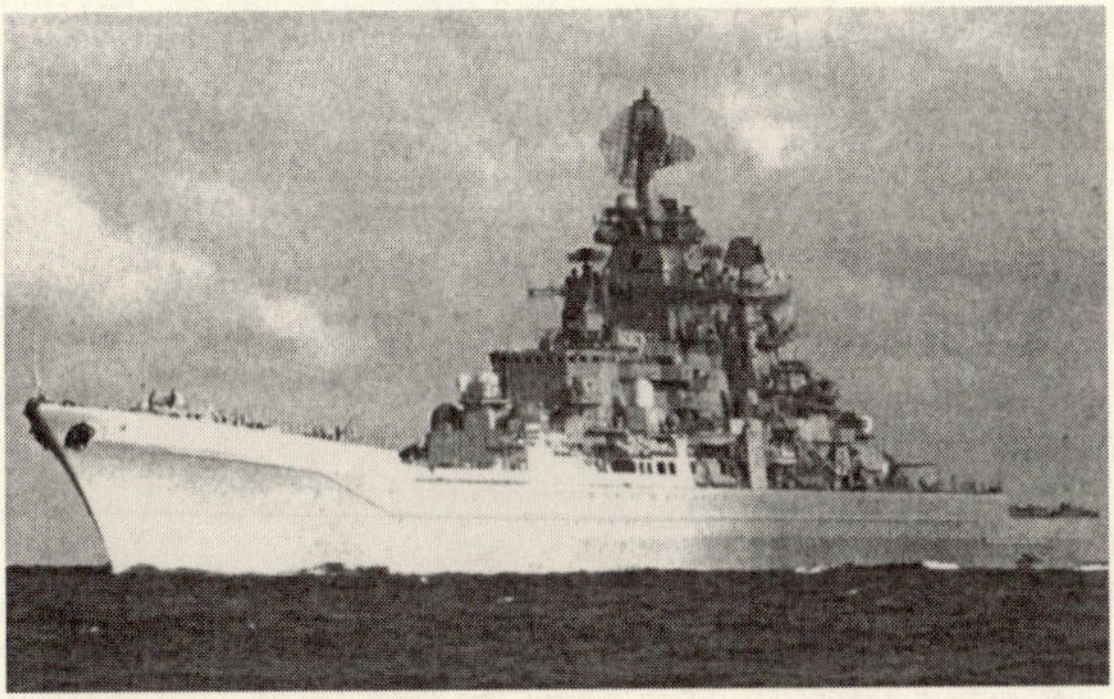

キーロフ級ピョートル・ヴェリキー

年四月二十九日進水、一九九八年四月九日に竣工した。

五番艦（建造番号804、予定艦名アドミラル・クズネツォフ）は一九八八年十二月に入籍したが、起工されず一九九〇年十月四日に除籍された。

その後、キーロフは一九九二年にアドミラル・ウシャーコフと改名したが、一九九九年に除籍（艦名はソブレメンヌイ級駆逐艦が継承）。フルンゼも一九九二年にアドミラル・ラザレフと改名し、二〇〇二年の火災事故により核燃料撤去して保管されている（除籍済み）。

カリーニンも一九九二年にアドミラル・ナヒモフと改名、同じく保管中であったが、二〇一四年から現役復帰と近代化工事が開始された。ユーリ・アンドロポフは一九九二年にピョートル・ヴェリキーと改名、唯一現役にあり、活動中である。

現在、ピョートル・ヴェリキーは空母を除く世界最大の水上戦闘艦である。戦艦はすでになくなり、巡洋艦の名称もミサイル巡洋艦として、ロシア海軍の本級とスラ

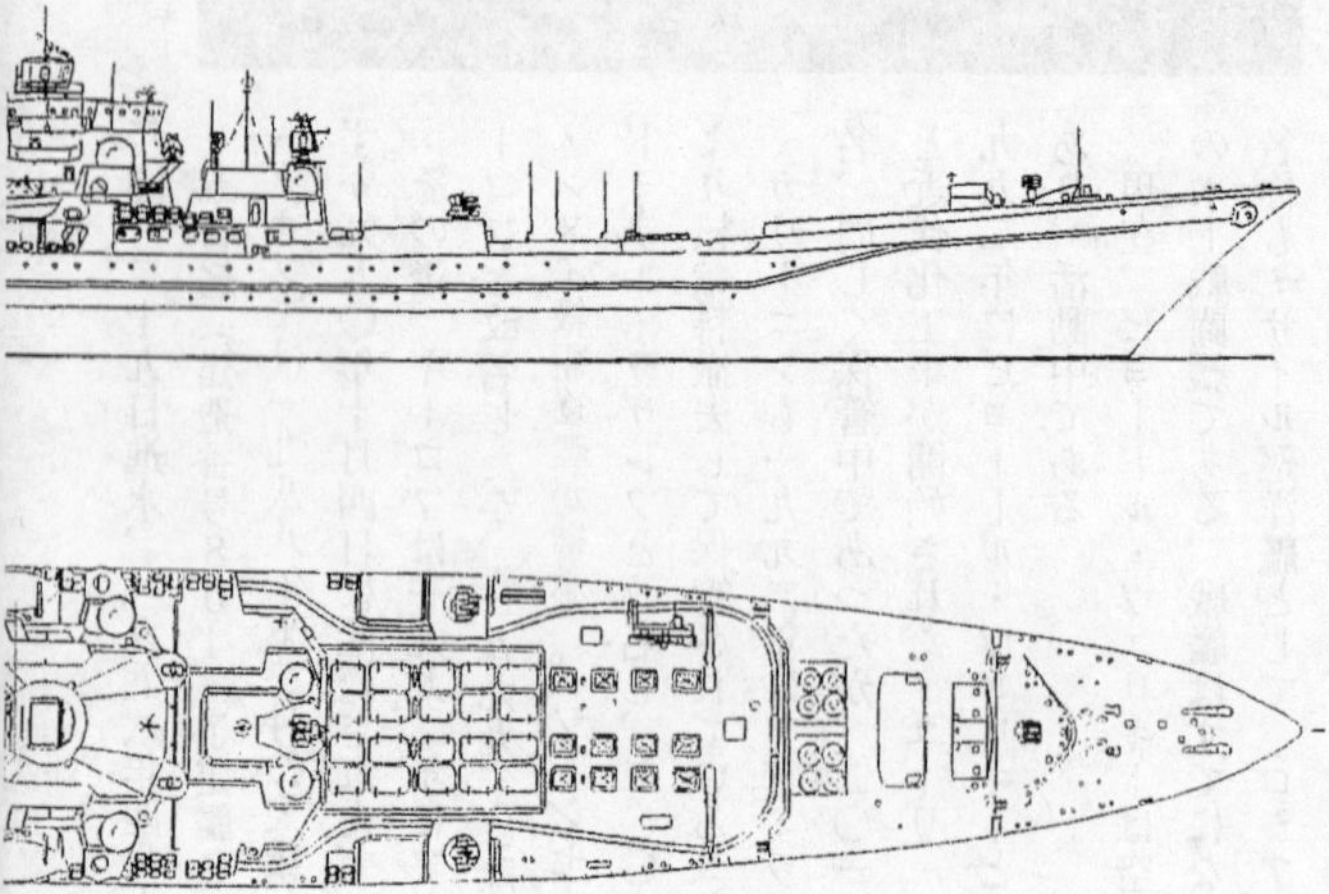

ミサイル巡洋艦ピョートル・ヴェリキー

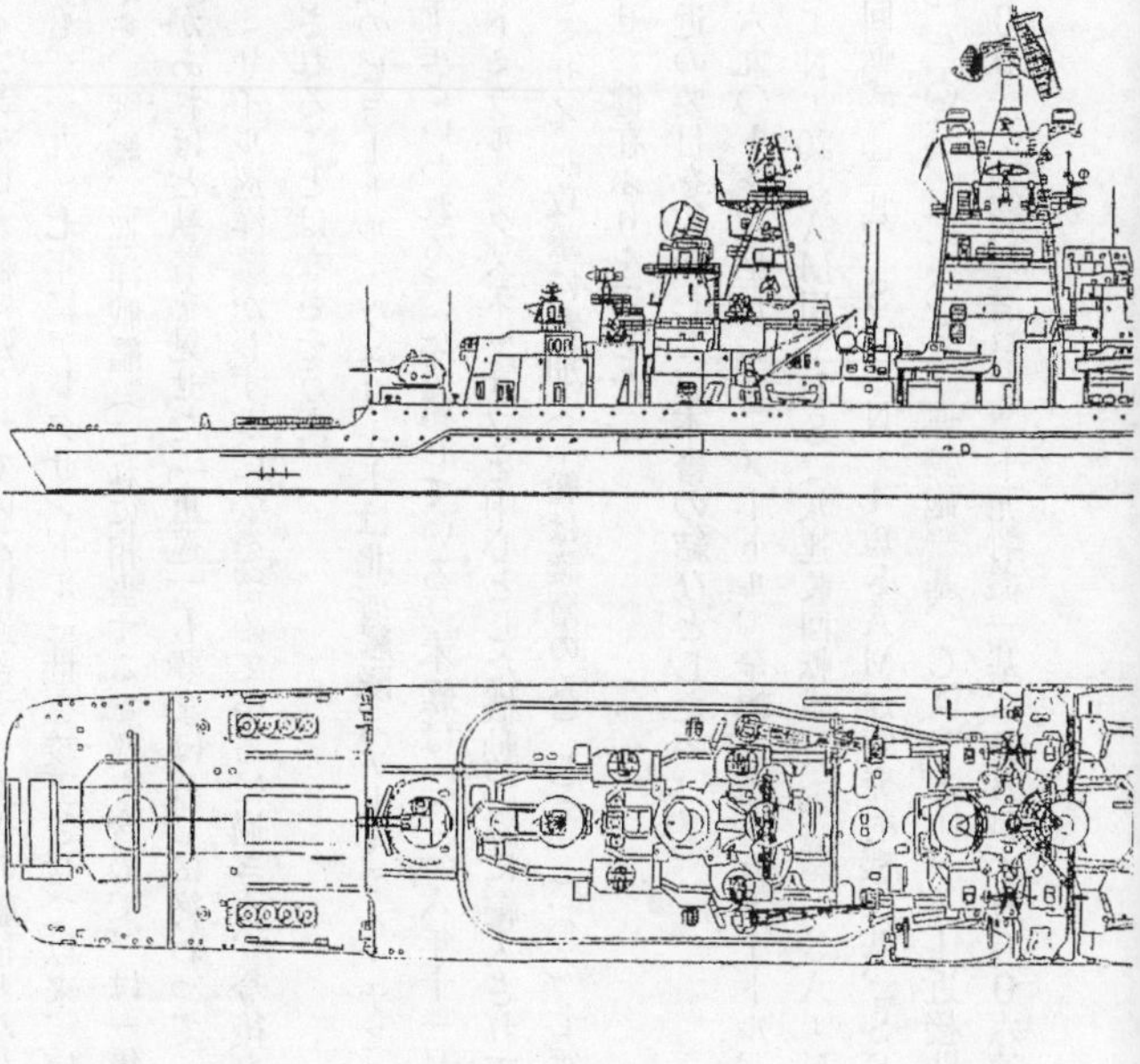

ヴァ級、米海軍のタイコンデロガ級に残されているに過ぎず、過去の艦種となりつつある。ロシア/ソ連海軍も、一九一七年にアレクサンドル三世を竣工させて以来、何度か計画と着工をくり返しながら、戦艦、巡洋戦艦（これに相当する重巡を含めて）は一隻も完成していない。スターリンがあれほど執着を見せた「重巡」も夢まぼろしに終わって、これに相応する大きさの原子力ミサイル巡洋艦がわずかに姿を留めているに過ぎず、今後もこうした大型水上戦闘艦が新造されることはなさそうだ。

その中で唯一現役のピョートル・ヴェリキーは北海艦隊（アドミラル・ナヒーモフも復帰すれば同艦隊に編入予定といわれる）に所属している。本艦は二〇一六年十一月、これもソ連海軍唯一の空母アドミラル・クズネツォフを中心とした機動部隊に編入されて地中海に進出し、シリア空爆とミサイル攻撃に参加（本艦は護衛のみ）して、二〇一七年二月に帰還――という活動を見せ、健在ぶりを示した。

以下に、本艦の最近の要目を紹介して、本書の結びとしたい。

満載排水量二万四六九〇トン、全長二五二メートル、全幅二八・五メートル、吃水九・一メートル。兵装SA-N-20SAM用VLS（八連装回転式）一二基、SA-N-9短SAM用VLS（八連装回転式）二基、SA-N-4短SAM連装発射機二基、SS-N-19SSM用VLS（単装）二〇基、一三〇ミリ連装砲一基、CADS-N-1近接防御システム六基、RBU12000一〇連装対潜ロケット発射機一基、RBU1000六連装対潜ロケット発射機二基、五三・三ミリ五連装魚雷発射管（固定式、SS－N－15SUM発射機兼用）二基。搭載機 KA27ヘリ三機。主機原子力蒸気タービン（原子炉二基／タービン二基）、二軸、出力一四万馬力。速力三〇ノット、乗員七四四名。現在、これだけ多種多様の兵器を揃えた艦は、本艦以外には見られない。これも二万トンを越える巨艦ならではといえようが、実戦ではこの内どれが本当に役立つかは未知数である。兵装等も一八年前とほとんど変わらず、レーダーと各種兵器で埋めつくされたその艦容は、最近のイージス艦等と比べると、一種異様な印象を受けるのは避け難いようだ。

あとがき

本書は、当初の構想では、軍艦情報のミステリーを取り扱う予定であった。衛星査察の進んだ今日では、大型軍艦の建造を開始すれば、艦名や装備の詳細は別として、艦の大きさや建造状況の概観はある程度上空からキャッチされてしまうが、かつては他国に知られること なく、極秘裡に建造を進めることが可能であった。

それは、日本海軍の「大和」型戦艦の建造を例に挙げれば理解が早いと思う。極秘に建造され、日本海軍が公表しなくても、外国ではそれを察知し、情報を収集して実体を推定する。当然誤報もあり、時には、とんでもないデマも飛び交うことになる。

戦時中の欧米資料を調べてみると、日本で建造中の新戦艦として、「紀伊」「尾張」「土佐」「安芸」「薩摩」などの艦名が伝えられ、排水量四万〜四万五〇〇〇トン、一六インチ砲九門、速力三〇〜三三ノットといった性能が伝えられている。いずれも誤報であることは説明するまでもないが、なかには日本海軍の新戦艦の主砲口径が四六センチと正しく記載したもの（スウェーデン軍艦年鑑マリン・カレンダー一九四二年版）もあった。これもまぐれ当たりで、情報が洩れていた訳ではない。

また、日本海軍がドイツ海軍に習って、一九三六年頃より、排水量一万二〇〇〇～一万五〇〇〇トン、一二インチ砲六門、速力三〇ノットのポケット戦艦（装甲艦）を建造中との情報も流れていて、「樫野」「八丈」の艦名が伝えられており、給兵艦や海防艦の進水を誤認したようだ。これも一九四三年になると、「秩父」「高松」「新潟」といった架空の艦名になって来る。これらは誤報に尾鰭がついた典型的な例といえよう。

しかし、ソ連海軍については少々事情が違っていた。戦艦トレッティ・インテルナチョナルにせよ、空母スターリンにせよ、艦名がいくつも伝えられたり、変化することもなく、一部の要目や起工または進水年月日まで伝えられて、リアリティがある。だから各国の軍事年鑑などもこれを信じて記載し続けたのであろう。さらに戦後のミサイル戦艦に至っては、くわしい要目や艦型図まで出て来る。これが誤報ならば、真相を隠して偽情報を流し混乱を招こうとする意図が感じられる。その裏には秘密にしておきたい別の姿があるのではないか。それは何か――といった形で、軍艦情報の虚実を、ソ連を皮切りとして各国の実例を紹介する予定であった。

それでソ連関係の資料を集めているうちに、ソ連戦艦や重巡等の新しい情報が次々と流れて来るようになり、方針を転換して、第二次大戦期のソ連戦艦の活動や建造史を追うことになった。それでも不明な部分が多く、いくつもの資料をつなぎ合せて、どうやら纏め上げた——というのが真相である。

なお、ソ連海軍については写真も少なく、イラストレーターの小貫健太郎氏にご協力頂いて、艦艇裏面史を全うすることが出来た。付記して謝意を表したい。

主要参考文献

＊石橋孝夫「世界の大艦巨砲」光人社＊「世界の艦船」増刊「ロシア／ソビエト戦艦史」海人社＊アンドレイ・ポルトフ「ソ連・ロシア巡洋艦建造史」海人社＊R. H. Herrick "Soviet Naval Stratesy"(久住忠男訳「ソ連海軍の戦略」）＊S. Maclauthlin "Russian & Soviet Battleships"＊J. Meister "Soviet Warships"＊A. Watts "The Imperial Russian Navy"＊M. J. Whitley "Battleships of World War Tuo"＊V. Yakobow & R. Worth "Raising the Red Banner"＊S. Breyer "Soviet Warship Development vol 1"＊S. Breyer "Schlachtschiffe and Schlachtskreyzer 1905-1970"＊S. Breyer "Schlachtschffe und Schlachtskreyzer 1921-1997"＊S. Breyer "Stalin's Dickschiffe"＊V. I. Achkasor & N. V. Pavlovich "Soviet Naval Operation in the Great Patric War"＊C. Huani "La Flotte Rouge"＊S. Mcldughlin "Project 82; The Stalingrad Class"＊Vladimir Yakubov & Richard Worth "Raising the Red Banner" & Claude Huan "La Flotte Rouge"＊"Conway's All the World's Fighting Ships 1922-45, 1947-95"

雑誌「丸」平成二十年九月号〜平成二十三年三月号隔月連載に加筆訂正

原題「仰天『ソ連戦艦』ウソと真実」

NF文庫

幻のソ連戦艦建造計画

二〇一七年七月十二日　印刷
二〇一七年七月十八日　発行

著　者　瀬名堯彦
発行者　高城直一

発行所　株式会社潮書房光人社
〒102-0073　東京都千代田区九段北一-九-十一
振替／〇〇一七〇-六-五四六九三
電話／〇三-三二六五-一八六四㈹
印刷所　慶昌堂印刷株式会社
製本所　東　京　美　術　紙　工

定価はカバーに表示してあります
乱丁・落丁のものはお取りかえ
致します。本文は中性紙を使用

ISBN978-4-7698-3016-0　C0195
http://www.kojinsha.co.jp

ＮＦ文庫

刊行のことば

第二次世界大戦の戦火が熄《や》んで五〇年——その間、小社は夥しい数の戦争の記録を渉猟し、発掘し、常に公正なる立場を貫いて書誌とし、大方の絶讃を博して今日に及ぶが、その源は、散華された世代への熱き思い入れであり、同時に、その記録を誌して平和の礎とし、後世に伝えんとするにある。

小社の出版物は、戦記、伝記、文学、エッセイ、写真集、その他、すでに一、〇〇〇点を越え、加えて戦後五〇年になんなんとするを契機として、「光人社ＮＦ（ノンフィクション）文庫」を創刊して、読者諸賢の熱烈要望におこたえする次第である。人生のバイブルとして、心弱きときの活性の糧《かて》として、散華の世代からの感動の肉声に、あなたもぜひ、耳を傾けて下さい。

＊潮書房光人社が贈る勇気と感動を伝える人生のバイブル＊

ＮＦ文庫

機動部隊出撃 空母瑞鶴戦史〔開戦進攻篇〕
森 史朗
艦と乗員、愛機とパイロットが一体となって勇猛果敢、細心かつ大胆に臨んだ世紀の瞬間——『勇者の海』シリーズ待望の文庫化。

諜報憲兵 満州首都憲兵隊防諜班の極秘捜査記録
工藤 胖
建国間もない満州国の首都・新京。多民族が雑居する大都市の裏側で繰りひろげられた日本憲兵隊ＶＳスパイの息詰まる諜報戦。

智将小沢治三郎 沈黙の提督 その戦術と人格
生出 寿
レイテ沖海戦において世紀の囮作戦を成功させた小沢提督。非凡な才能と下士官兵、陸軍の将校からも敬愛された人物像に迫る。

台湾沖航空戦 Ｔ攻撃部隊 陸海軍雷撃隊の死闘
神野正美
史上初の陸海軍混成雷撃隊、悲劇の五日間を追う。敵空母一一隻轟撃沈、八隻撃破——大誤報を生んだ洋上航空決戦の実相とは。

伊号潜水艦 深海に展開された見えざる戦闘の実相
荒木浅吉ほか
隠密行動を旨とし、敵艦撃沈破の戦果をあげた魚雷攻撃、補給輸送等の任務に従事、からくも生還した艦長と乗組員たちの手記。

写真 太平洋戦争 全10巻〈全巻完結〉
「丸」編集部編
日米の戦闘を綴る激動の写真昭和史——雑誌「丸」が四十数年にわたって収集した極秘フィルムで構築した太平洋戦争の全記録。

＊潮書房光人社が贈る勇気と感動を伝える人生のバイブル＊

ＮＦ文庫

勇猛「烈」兵団ビルマ激闘記　ビルマ戦記Ⅱ
「丸」編集部編
歩けない兵は死すべし。飢餓とマラリアと泥濘の〝最悪の戦場〟を彷徨する兵士たちの死力を尽くした戦い！　表題作他四篇収載。

ＢＣ級戦犯の遺言　誇りを持って死を迎えた日本人たちの魂
北影雄幸
戦犯死刑囚たちの真実――平均年齢三九歳、彼らは何を思い、何を願って死所へ赴いたのか。刑死者たちの最後の言葉を伝える。

特攻戦艦「大和」　その誕生から死まで
吉田俊雄
「大和」はなぜつくられたのか、どんな強さをもっていたのか――昭和二十年四月、沖縄へ水上特攻を敢行した超巨大戦艦の全貌。

日本陸軍の秘められた兵器　最前線の兵士が求める異色の兵器
高橋　昇
ロケット式対戦車砲、救命落下傘、地雷探知機、野戦衛生兵装具――第一線で戦う兵士たちをささえた知られざる〝兵器〟を紹介。

母艦航空隊　実戦体験記が描く搭乗員と整備員たちの実像
高橋定ほか
艦戦・艦攻・艦爆・艦偵搭乗員とそれを支える整備員たち。洋上の基地「航空母艦」の甲板を舞台に繰り広げられる激闘を綴る。

本土空襲を阻止せよ！　従軍記者が見た知られざるＢ29撃滅戦
益井康一
日本本土空襲の序曲、中国大陸からの戦略爆撃を阻止せんと、空陸で決死の作戦を展開した、陸軍部隊の知られざる戦いを描く。